退役平台造礁技术与工程实践

郑西来　张伯涵　高增文　郑亚男　著

中国海洋大学出版社
·青岛·

图书在版编目(CIP)数据

退役平台造礁技术与工程实践 / 郑西来等著 . -- 青岛:中国海洋大学出版社,2023. 3

ISBN 978-7-5670-3449-5

Ⅰ. ①退… Ⅱ. ①郑… Ⅲ. ①海上平台－废物综合利用－鱼礁－人工方式－研究 Ⅳ. ①X741 ②S953. 1

中国国家版本馆 CIP 数据核字(2023)第 031639 号

TUIYI PINGTAI ZAOJIAO JISHU YU GONGCHENG SHIJIAN

出版发行	中国海洋大学出版社		
社　　址	青岛市香港东路 23 号	邮政编码	266071
出 版 人	刘文菁		
网　　址	http://pub.ouc.edu.cn		
订购电话	0532-82032573(传真)		
责任编辑	韩玉堂	电　　话	0532-85902533
印　　制	青岛中苑金融安全印刷有限公司		
版　　次	2023 年 3 月第 1 版		
印　　次	2023 年 3 月第 1 次印刷		
成品尺寸	185 mm ×260 mm		
印　　张	12. 50		
字　　数	303 千		
印　　数	1—1 000		
定　　价	68. 00 元		

发现印装质量问题,请致电 0532-85662115,由印刷厂负责调换。

前　言

PREFACE

根据我国相关法律法规，海上油气设施在停止生产作业后，如果没有其他用途或合理理由，必须进行废弃处置。海上退役采油平台的弃置需要综合考虑成本费用、作业安全和环境风险等因素，是一项复杂的系统工程。作为海上退役采油设施的主要弃置方案之一，平台造礁方案通过将平台废弃结构改造为人工鱼礁的方式对退役平台进行再利用。该方案不但能够节约拆除成本，降低海上作业的风险，减小对海洋生态环境的影响，同时可以使退役平台的生态功能得以充分利用，在渔业增殖和改善退役油区生态环境等方面起到了积极作用。

本书首次以平台造礁工程的全部作业流程为研究对象，以构建平台造礁工程技术体系框架为研究目标，运用系统工程分析法和工作分解结构（WBS）的原理，系统地研究了平台造礁工程所涉及的资料收集、环境与设施调查、工程可行性论证、平台拆除、礁体设计与布局、鱼礁加工与投放、工程验收以及后续跟踪调查与评价等技术环节，提出了平台造礁工程的研究思路和技术路线，构建了海上退役采油平台造礁工程技术体系，通过室内试验研究了人工鱼礁区沉积物的冲刷效应和对鱼类的诱集效果，并以埕岛油田海上退役平台造礁示范工程为例，通过对鱼礁投放前后示范区的海洋生态环境状况进行跟踪调查和监测，对平台造礁示范工程的适宜性、实施过程和实施效果（渔业增殖、生态修复）进行实证研究，从而为我国开展平台造礁工程实践提供技术支持和管理依据，并为国家和各级行政主管部门制定相关规范、规程和条例提供参考。

本书共9章及附录。郑西来教授负责课题的执行及本书的整体构思和结构设计，并撰写部分章节；张伯涵博士生、高增文老师、郑亚男老师撰写了部分章节。具体分工如下：

第一章 绪论，由郑西来撰写；

第二章 平台造礁工程可行性论证，由张伯涵撰写；

第三章 海上退役采油平台的拆除，由郑西来、郑亚男撰写；

第四章 海上退役采油平台造礁，由张伯涵撰写；

第五章 工程验收及后续评价，由张伯涵撰写；

第六章 人工鱼礁区沉积物冲刷的试验研究，由张伯涵撰写；

第七章 人工鱼礁对鱼类诱集效果的试验研究，由张伯涵撰写；

第八章 埕岛油田退役平台造礁示范工程研究，由郑西来、高增文撰写；

第九章 结论，由郑西来、张伯涵撰写；

附录由张伯涵编写。

本书可供环境工程、海洋工程、石油开发等领域的工程技术人员阅读参考；也可作为高校相关专业研究生和本科生的教学参考用书。

由于作者水平有限，书中不足之处在所难免，恳请专家和读者不吝指教。

郑西来

2023年2月于青岛

目 录

第1章 绪论

1.1 研究背景与意义

海上采油设施在超过正常使用年限后，由于服役年限过长，可能会发生构件失稳、疲劳失效等情况。这些失效结构可能随海浪漂浮于海上或沉入海底，不仅会对航行船舶和其他海洋构筑物造成威胁，还可能形成泥沙的淤积，甚至使海洋环境受到破坏[1]。因此，海上油气设施停止生产后，对于没有其他用途或合理存在理由的平台与管线，都要进行废弃处置。对此，有关国际组织和各国政府都对海上退役采油设施的管理做了明确的规定。按照相关的法律和法规，作业寿命到期后，如果没有其他用途，必须进行废弃处置。

据统计，到2008年底，仅中国海洋石油总公司在渤海和南海海域内就有近50座进入废弃阶段的桩基式平台。虽然部分平台在使用寿命到期后经过评估和维修还能够继续服役一段时间，但在未来几年，大量平台的退役将成为不能回避的趋势，尤其到2020年，2002年以前建设的几乎所有平台，都将进入废弃阶段[2]。当各种海洋平台及设备管线完成其使命后，如何对海上退役油气设施的弃置活动进行合理规范和管理，对海洋环境保护、通航和渔业生产等都具有重要意义，成为亟待思考和解决的问题之一。

海上退役采油平台的废弃处置是通过将石油装置拆除、移至最终地，或就地再利用等方式来进行有效管理的过程[3]。海上油气设施主要的弃置方案包括全部拆除、部分拆除、原地倾覆、深海处置，以及平台再利用等[4]。海上退役石油平台的处置是一项涉及多领域的系统工程，需要综合考虑环境保护、法律法规、海洋功能区划、海上工程技术、成本费用及作业安全等因素。目前，中国对海上退役平台的处置方案和技术方法比较单一，还只限于平台拆除方案。拆除方案实施不仅需要应对较高的技术难度、施工作业风险和环境风险，同时涉及调配多种海上工程设备，拆除过程往往会产生巨额的成本费用。另一方面，海上退役石油平台的拆除方案不能使退役平台的生态功能得到充分利用。这主要是由于海上石油平台的固定结构长期存在于海洋环境中，各种海洋生物得以不断附着、生长、繁殖，使平台及其附属装置周围形成较为稳定的生态系统，从而使平台具有了一定的生态功能，成为海洋鱼类优良的索饵和栖息场所。一旦对平台实施全部拆除，必然会使平台周边形成的稳定生态受到影响，还有可能破坏平台周围海洋生物原有的生境[5]。

为了更为经济环保地进行海上退役平台的弃置，一些学者提出了平台造礁方案。平台造礁，即将废弃的海上油气设施——退役的钢制导管架等拖到指定场地集中起来转换用作人工渔礁，人工置于海域环境中用于修复和优化水域生态环境的构造物。美国内务部矿物管理局(MMS)在20世纪80年代就尝试在墨西哥湾海上油区进行废弃海洋石油平台的人工鱼礁改造，制定了“平台造礁”计划，并建立了一套法律规范为废弃平台改造成人工鱼礁提供制度保障[6]。根据相关报告，美国将墨西哥湾内的约4 000座海洋石油钻井平台进行了平台造礁改造，到目前为止，美国墨西哥湾中西部的平台造礁区由于其生态系统的稳定性和持续性，已发展成世界上最大的人工鱼礁群，取得了良好的环境和经济效益[7]。

早在20世纪80年代，中国就曾经在部分海域试验性投放了一些人工鱼礁；进入21世纪，人工鱼礁建设得到了更大推进，进行了一些有关人工鱼礁的集鱼机理、礁体设计、礁体稳定性等的研究，取得了一定的研究成果[8]。但在废弃石油平台的平台造礁改造方面的研究和实践远远落后于欧美等国，相关技术研究和储备远远无法满足未来退役海上石油平台弃置规范化作业的要求。本书试图通过总结相关法律规范和施工作业的实践经验，对平台造礁工程进行规范化和标准化，探索科学的工艺流程，建立适合中国海上退役油区实际情况、规范化的平台造礁技术体系，从而为安全、环保、经济地处置海上退役石油生产设施提供技术支持和制度保障。

1.2 国内外研究现状

平台造礁工程利用废弃的平台结构并适当结合其他造礁材料来建设人工鱼礁，是兼顾成本节约和生态修复的最有效的平台弃置管理方式之一。虽然平台造礁工程降低了全部拆除的技术难度和环境风险，但由于涉及多个不同的技术领域，包括平台生产设施关停、封井、清洗与废物处理、部分拆除、平台废弃结构及其他造礁材料的加工与投放等技术环节，需要协调不同工种的技术管理及施工作业人员，并调配多种海上工程设备，具有相当的复杂性和管理调控难度。对此，欧美等国都相继制定了平台造礁工程相关标准和指导原则，对平台造礁工程进行规范管理。目前国内外的研究人员主要从以下几个方面对平台造礁工程进行了研究。

1.2.1 海上退役石油设施的拆除

1.2.1.1 海上退役平台的封井

封井作业是海上退役石油平台弃置的一项关键技术环节。如果废弃油井未能进行有效封堵，一旦油层压力发生变化就可能导致原油泄漏，污染海洋环境。另外，油井在海床上的废弃井口设施还会威胁航行安全，因此，各国都对海上弃井作业制定了相关法律法规和技术标准加以规范和监管。例如，英国能源法案(2008)、大陆架海洋设施及管道退役的指导原则、美国外大陆架法案及中国的《海洋石油弃井作业管理规则》和《海洋石油弃井规范》等都对海上弃井作业做了相关规定。由于封井作业不但对技术和设备有很高要求，还涉及高额的成本支出和巨大的环境风险，国内外许多学者对封井技术进行了深入研究。

Gary Siems 和 Richard Ward(2009)从经济、环境和法律法规等方面对美国墨西哥湾的弃井作业成本进行了讨论，指出以上因素对全球范围内的弃井作业成本产生了不同程度的影响[9]。

Lucas W Abshire 等(2012)对海上封井作业的技术流程进行了分析,介绍了北海和墨西哥湾的封井作业情况和管理经验,同时对目前正在研发的几种高效低成本封井作业工具进行了简单介绍[10]。

金莉玲(2013)对大港油田某海上油井的封井作业案例进行了分析,总结了一套安全可行的海上封井作业技术方法,并对海上永久弃井作业工程中的风险控制进行了研究[11]。

于庆国(2008)基于大港油田的庄海5井的封井案例,对普通工程船和浮吊配合的施工工艺和连续油管深层注灰封井技术进行了分析,指出对于浅海封井作业可以通过对连续油管深层注灰技术和水下切割技术进行改进和完善来降低成本和提高效率[12]。

晋永琪(2018)总结国外海上平台拆除操作过程和实际经验,针对油井的堵塞和废弃步骤进行了介绍,指出一个有效的油井堵塞和废弃程序是确保油井在未来不会泄露的关键[13]。

1.2.1.2 平台清洗与废物处理

海上退役采油设施中一般残留有多种污染物质。相关研究表明,海上采油设施中残留的有毒废物一旦泄露到海洋环境中,可以迅速扩散至600米范围内,并造成平台周围100～300米范围内的蝶蠃蜚属类海洋底栖生物100%的死亡率。因此,对海上采油平台及其附属设施进行清洗,使其达到环保要求,是平台造礁工程降低对环境造成影响的重要措施。在海上石油设施的清洗方面,国内外学者进行了大量相关研究工作。

Rainer Barthel(2018)对北非某油田存积多年的大量废弃油井、管件和其他石油生产设施,进行了废弃物放射水平等指标的测定,结合实际污染物数据对目前常用的清洗方案进行比较和可行性分析,最终选取干磨料喷砂清洗技术来对废弃物进行清洗;并对磨料喷砂清洗设备和清洗方法进行研制开发,通过准确有效的现场测量进行检验,结果表明,磨料喷砂清洗设备和清洗方法是安全有效的,符合工业清洗相关法规的要求[14]。

Zhixiang Li 和 Jing Zheng 等(2016)基于对国内外已有的海上油舱管道清洗机器人的详细研究,通过将鳄鱼的生物学特性与实际清洗工艺系统的实现功能相结合,设计了一种鳄鱼形状的仿生清洗机器人,经实际检验发现其具有强大的环境适应能力,并且可以适应陆地或海上等的多种不同地形,并提高清洗作业的效率,为海底输油管道的清洗提供了一种新方法[15]。

Milja Honkanen 等(2013)对五种目标化学品(壬基酚、苯酚、硫酸、苯、二甲苯)进行风险评价,以此评估油罐清洗废水的环境风险;评价方法遵循欧洲风险评价法(测定目标物预测环境浓度PEC,并与其无环境影响的浓度PNEC比较)。风险评价结果显示了油罐上岸清洗前的预清洗的重要性[16]。

Lakhal 等(2009)基于生命周期理论提出海上退役平台处置过程的"奥林匹克框架"("Olympic" Framework),通过对海上退役石油平台处置过程中主要废弃污染物成分进行分析,提出了退役平台的废弃物处理的"五'零'排放"原则:零排放(空气、水、固体废物、土壤、有毒废物、危险废物)、零资源浪费(能源、材料、人工)、处置工作零浪费(管理、生产、运输)、有毒品的零使用和污染物的零残留[17]。

周金喜(2021)对海上石油平台油水分离罐的油泥组成和生成机理进行了分析,总结了分离罐的清洗方法和步骤,以及清洗过程中的危险因素和安全防护措施[18]。

廉美蓉(2007)根据中国海上采油设施清洗工程的施工经验,对海上退役采油平台弃置设施清洗的施工程序和清洗废液的处理方法进行了概括和总结,并分析了清洗过程中的环境影响因素[19]。

田冲、唐健等(2011)结合海洋平台的特点,对平台管路的清洗工艺进行了分析,并对串油橇的管路控制和油箱等进行合理的改进,并运用 SolidWorks Routing 插件设计串油设备,从而提高清洗质量和效率[20]。

1.2.1.3 平台拆除技术与工艺

由于海上退役采油设施拆除工程的作业环境恶劣、水下情况复杂,施工难度和危险系数很大,科学地进行拆除的技术选择和方案设计对拆除工程安全、环保的完成至关重要。国外研究人员已经对平台上部组块、导管架、海底管道等设施的拆除技术和方案开展了大量研究。

M D Day(2008)对墨西哥湾海域海上退役石油平台拆除的相关法律规定、拆除计划、拆除方案、拆除前数据的调查收集、平台各部分的具体拆除程序和弃置结构的最终处置等问题进行了系统研究[21]。

Kurian V J 和 Ganapathy C(2009)对海上退役石油平台各部分结构的拆除技术与方法进行了研究,并对不同处置方案的经济成本和对环境的影响等问题进行了讨论[22]。

Mark J Kaiser(2004)指出,在平台拆除过程中使用爆炸/非爆炸性切割方法的决定因素,将平台结构拆除采用爆破技术的可能性定量化,并建立使用爆破决策的预测模型。通过对墨西哥湾 1986—2001 年间,石油和天然气生产设施拆除的实证分析,提供所需的历史数据来计算爆破拆除的概率,并建立切割方案的二元选择模型[23]。

壳牌、BP 等石油公司也对海上石油平台的拆除工程进行了相关研究和实践,制定了具有操作指导性质的技术手册和规范[24-25]。

中国的海上石油勘探开发起步稍晚于美欧等国,国内对海上退役石油平台拆除技术的研究尚不成熟,但相关研究人员已经开展了大量工作。

董耀锋等(2020)对海底管线的拆除和回收进行了简要介绍,并重点分析了海底管道的清洗、取出、管道切割及回收等方面的方法和技术[26]。

陈继红(2013)系统介绍了工艺管线与设备拆除程序、平台上部组块拆除工艺以及导管架拆除程序。从导管架腿的切割、导管架结构的分割、导管架吊点的设计和施工、立管与电缆拆除、导管架吊扣的配置、导管架的装船固定以及导管架的重复利用等 7 个方面具体分析了导管架的拆除程序[27]。

阎宏生、余建星等(2014,2016)建立了海上废弃桩基平台拆除方案的评价指标体系,并通过分析拆除工艺流程,运用 DELPHI 语音编制了针对海上废弃平台拆除工程进度的管理软件来对废弃平台拆除工程作业进度安排、工时分配检测等进行测算和监控,为工程施工作业的指挥决策提供数据支持[28-29]。

李美求、段梦兰等(2008,2009)探讨了废弃桩基平台拆除工程的方案选择以及导管架的拆除方法,提出了一套平台拆除方案编制的基本方法和步骤[30-31];并综合考虑风险评估、工程力学计算、费用估算等拆除工程决策因素,采用 Visual Basic 语言开发了可视化的平台拆除工程管理信息系统,运用模糊综合评价原理对平台拆除过程进行安全评价,确保方案的可行性[32-33]。

潘新颖、张兆德(2009)对废弃导管架平台拆除过程的安全性进行了评价,提出了导管架平台拆除安全性的评价指标,通过对评价指标的数据进行比较,从而得出最安全的桩基切割顺序[34]。

郑西来等(2010)结合埕岛油田退役石油平台处置技术构建的实践经验,初步分析了海洋石油平台拆除技术体系框架,并在此基础上提出了一种海上石油平台废弃结构配置及布设人工鱼礁的方法[35-36]。

1.2.1.4 拆除工程的环境评估

海上退役采油设施拆除可能造成环境影响的因素主要包括:设施停止使用后,残留的用于油气生产和处理的化学物质的处理或回注和海底管道拆除过程中发生的碳氢化合物和重金属的泄漏溢漏;拆除作业如采用爆破的方式拆除平台等装置时,爆破产生的巨大冲击等[37-38]。对此,国内外学者从不同角度进行了研究。

Sally J Holbrook 等(2020)对加利福尼亚州的海上平台的物理环境和生物功能进行分析,介绍了加州海上退役石油平台包括鱼类和无脊椎动物在内的主要物种,概述了五种海上退役平台的弃置方案,并利用不完整的信息对各种弃置方案可能造成的生态后果进行评估[39]。

Michael Havbro Faber,Inger B Kroon,Eva Kragh(2011)提出了一个利用贝叶斯概率网络(BPN)模型对已识别的环境风险进行概率推理,分析导致环境风险发生因素的方法,从而为海上退役平台拆除的环境影响提供了一种有价值的评价思路[40]。

Donna M Schroeder 和 Milton S Love(2014)指出:栖息地质量评估,弃置方案对海洋生物的区域影响评估,以及残余污染物的生物效应测定是海上退役石油平台处置过程需要进行科学调查的主要组成部分[41]。

罗超、王琮、赵冬岩(2008)总结了海上退役采油设施由于废弃失效、清洗及拆除对海洋生态环境造成的影响,并从规范和完善海上退役采油设施管理程序、加强海洋环境监管等方面,有针对性地提出了建议[1]。

通过对海上退役石油设施拆除的相关文献的总结和分析,可以发现,目前国内外的研究文献主要集中在对海上退役石油设施拆除的某一个或几个技术环节的分析、环境影响、社会公众态度和法律管理等方面,很少将海上退役石油设施拆除工程作为一个系统,从整体上进行归纳并对每一个环节进行具体分析。

1.2.2 海上退役平台的鱼礁改造

1.2.2.1 平台造礁可行性研究

在海上采油平台自身的造礁可行性方面,由于长期存在于海洋中,平台及其附属装置已经成为鱼类、贝类等海洋生物的重要栖息地,形成了稳定的生态系统。国内外的研究人员通过对平台附着生物和鱼类的调查和实验证明了海上石油平台具备为海洋鱼类提供相当饵料的条件,能够为鱼类提供具有一定适宜度的生存环境。

周斌等在 2016 年对渤海石油平台设置海域附着生物的种群构成、生态特点及附着量等进行了研究。并根据收集到的生物样品,鉴定了 75 种海洋附着生物。其中,日本厚壳牡蛎的发现成为中国海域的首次文献记录。另外,还有 37 种附着生物群落是在渤海海域的新记录[42]。

Aud Vold Soldal 和 Ingvald Svellingen 等(2012)通过拖网式声呐探测的方式对北海 Albuskjell 平台海域鱼类的密度进行了监测，结果发现，平台周边存在相当数量的鲭鱼、鳕鱼等海洋鱼类，为平台造礁方案提供了必要的数据信息[43]。

Kim M Anthony 及其研究小组(2019)进行了石油平台与天然鱼礁区栖息鱼类的互移实验。该实验发现，在转移至阿纳卡帕岛上的所有石油平台样本鱼类中，有 25%的样本返回其在石油平台的原栖息地，洄游的距离超过 18 千米。而从天然鱼礁区转移至石油平台的绝大部分(79%)样本鱼类仍然栖息在释放它们的海上平台海域。实验结果表明，圣巴巴拉海峡海上石油平台栖息地可以提供给相关鱼类更好的栖息条件[44]。

在平台造礁选址及建设的可行性方面，S J Cripps 和 J P Aabe(2002)对平台造礁工程环境和社会经济的风险或效益进行评估，确定了 39 个平台造礁工程的影响因素(正面和负面的)，并将其划分为：可开发渔业资源、当地生物群、沉积物、水、能源和排放量、社会与经济以及其他等 8 个影响指标。据此对平台造礁工程的影响的潜力进行了评价[45]。

D R Frumkes(2012)分析指出，平台造礁项目能够极大地减少海上退役石油平台的处置成本并对海洋的生物资源产生积极作用，但同时提出，开展平台造礁项目必须限制平台造礁海域商业捕捞行为，才能实现平台造礁项目的效果[46]。

Mark J Kaiser(2016)以路易斯安那州人工鱼礁计划为背景，系统介绍了平台造礁工程的各个阶段，指出平台造礁工程在成本方面的优势，建立了成本的回归模型[47]。

虽然国内专门针对平台造礁工程可行性的研究还较少，但国内学者在人工鱼礁选址、合理性评价等方面开展了相关研究。

贾后磊、谢健等(2009)对人工鱼礁选址合理性的影响因素进行了分析，提出了人工鱼礁选址合理性的评价指标，为人工鱼礁选址合理性评价提供了参考[48]。

单晨枫等(2022)将水文、水质、底质、生物等因素作为评价指标，通过对人工鱼礁拟建海域和对比区海域本底调查资料的比较分析，对人工鱼礁建设的可行性进行论证[49]。

曾旭等(2018)从人工鱼礁选址条件、人工鱼礁选型与设计原则、环境影响、前景预测与效益分析、资金预算、组织管理等方面，对人工鱼礁建设的可行性进行了研究[50]。

1.2.2.2 人工鱼礁布局与设计

目前专门针对平台造礁工程布局和礁体设计的研究还较少，但对于人工鱼礁工程中的总体布局和鱼礁设计方面，国内外的研究人员已经进行了大量研究。

Kim J Q 等(2015)通过波浪作用对人工鱼礁的局部冲刷和下陷产生的影响实验研究发现，鱼礁的形状对局部流以及局部冲刷程度有显著影响。此外，人工鱼礁底部与底质的接触面积在底层流扰动的作用下逐渐减少，从而造成了鱼礁的不稳定和下陷。因此，海流特征是人工鱼礁型设计的重要影响因素[51]。

William Seaman(2016)将人工鱼礁的设计因素从三个学科大类进行了归纳。经济学：人工鱼礁成本和效益方面的要求；工程、物理和材料学：人工鱼礁的着底冲击力、底面承载力以及鱼礁稳定性、耐久性方面的要求；生物学：人工鱼礁的大小、结构、分布等对海洋生物的影响[52]。

Robert Wright 等(2014)对马里湾的海洋环境背景数据按重要性优先原则输入地理信息系统作为基准数据库，将传统经验方法建立的选址结果与地理信息系统为基础的方法结果进行比较，以确定人工鱼礁投放的最佳位置[53]。

Daniel C Reed 等(2006)为补偿南加利福尼亚沿海电厂运行对海藻森林鱼类造成的损失,建立了人工鱼礁生物性能标准,并通过历时5年的实验,对6个人工鱼礁设计方案能否满足这一标准进行测试,实验结果表明,人工鱼礁的投放规模对聚鱼效果产生更大的影响[54]。

张志伟(2020)对日、美等国的人工鱼礁建设经验进行了总结,从人工鱼礁的布局配置、礁体设计、材料与选型等方面进行了深入研究,并结合小石岛人工鱼礁建设的实际案例,分别对船型和三角形鱼礁的礁体布局进行了分析[55]。

张澄茂、蔡建堤等(2016)从礁区布局要求与依据、布局范围与重点以及布设方法等方面,对福建沿岸海域不同类型的鱼礁布局进行了分析,通过分析得出了人工鱼礁区的整体宏观布局的一般原则[56]。

赵海涛、张亦飞等(2016)结合中国东南沿海地区的人工鱼礁投放实践,从工程实施的角度,对水质、底质、海流和海洋生物等人工鱼礁选址影响因素和礁体设计中的基地承载力、礁体滑移、倾覆与波流的作用等因素进行了分析[57]。

1.2.2.3 鱼礁单体材料的选择

据统计,目前用于人工鱼礁的礁体材料已超过200种,其中主要包括自然材料(如木质材料、贝壳、岩石等)、人工废弃物(如废弃汽车、船舶、钻井平台等),以及建筑材料(如混凝土构筑物、钢制结构等)[58]。不同材料的人工鱼礁其生态功能具有明显差异。自20世纪70年代以来,各国已针对礁体材料的选择进行了大量研究和实践。

Woodhead 等(1985)对美国长岛附近海域投放的粉煤灰鱼礁和普通混凝土鱼礁的生物效应进行了历时3年的跟踪调查。研究发现,在物种数量和生物覆盖面积方面,粉煤灰物鱼礁和普通混凝土鱼礁生物附着情况相似,对于海洋环境没有负面影响,相容性良好[59]。

Frederic E 等(2008)对在佛罗里达州附近海域投放的混凝土材料鱼礁和石油灰材料鱼礁进行了对比研究。通过对两种材料的人工鱼礁单体进行监测,发现混凝土礁体的物种丰富度和石油灰礁体相比没有显著区别。其中19种海洋生物,如多毛鲇鱼和石鲈在混凝土礁体上出现频度更高,而甲鱼在石油灰礁上活动更为频繁[60]。

Massimo Ponti 等(2010)通过水下摄像和取样的方式对亚得里亚海北部倾覆废弃的"Paguro"钻井平台海域不同位置、不同深度的大型底栖生物进行了研究,结果表明,废弃的平台结构被以贻贝和牡蛎为主的大量底栖生物所覆盖,成为无脊椎动物适宜的栖息地[61]。

Ronald R 等(2004)对已知被用于进行人工鱼礁建设的各种鱼礁材料的优点、缺点和局限性等特性进行了综合分析,从而为人工鱼礁材料的选择提供了参考和指导[62]。

虞聪达、俞存根等(2004)对废弃船礁不同铺设组合及规模所形成的上升流和背涡流的流态变化进行数值实验模拟,并对铺设区域的泥沙运动进行分析,建立了船礁铺设方式优选模式,为现场铺设提供理论依据[63]。

钟术求、孙满昌等(2016)根据实际投放海域的波流、水深等条件设计了钢制四方台型礁体,并对其在海中可能受到的最大作用力、抗漂移及抗倾覆系数等进行了估算。结果表明,钢制鱼礁的稳定性良好,礁体在海底不易发生滑移或翻滚[64]。

刘秀民、张怀慧等(2017)对以粉煤灰为主的混合材料配比设计,分组制成人工鱼礁试块，通过进行抗压性能试验和海水浸泡溶出试验，对浸泡海水后的粉煤灰鱼礁的抗压性和各项重金属污染物进行检测，结果表明，粉煤灰鱼礁的抗压强度很高并且对海水环境无负面影响[65]。

1.2.2.4　平台造礁的政策法规

国际上已有许多国家和地区制定了具体的关于平台造礁的政策法规。例如，美国制定的人工鱼礁指南（Guidelines For Marine Artificial Reef Materials，2004）、平台造礁政策报告（Rigs-to-Reefs Policy，Progress，and Perspective，2000）、平台造礁法案（Rigs to Reefs Act，2003）、平台造礁政策（Rigs-to-Reefs Policy Addendum：Enhanced Reviewing and Approval Guidelines in Response to the Post-Hurricane Katrina Regulatory Environment，2009），以及美国各州制定的法规和标准，如德克萨斯州制定的德克萨斯州人工鱼礁建设方案标准作业程序（The Texas Public Reef Building Program Standard Operating Protocol and Guidelines，Revised 2012）。

在中国，除了国家颁布的《海洋环境保护法（1999）》、《海洋石油勘探开发环境保护管理条例（1983）》与《实施办法（1990）》以及《海洋石油平台弃置管理暂行办法（2002）》等法律法规外，一些省份也制定了一系列人工鱼礁管理规定及相关技术规范。例如，2004 年，广东省首先发布了《广东省人工鱼礁管理规定》；2006 年，山东省出台了《山东省渔业资源修复行动计划——人工鱼礁项目技术规程》；2009 年，河北省颁布了《河北省水产局人工鱼礁管理办法》。但是到目前为止，中国尚无一部专门针对平台造礁的法规或指导规范。

总体上说，国外对平台造礁的研究主要集中在对平台的渔业增殖等生态功能、生态恢复效果、经济效益以及政策法规等方面，而中国对平台造礁的研究还非常有限，几乎处于空白，只在少数文献中作为一种弃置方法进行了简单介绍性描述。通过对海上退役采油平台造礁工程的相关文献的梳理，可以看出目前的研究缺少对平台造礁工程的技术环节进行系统分析、归纳和总结，还没有形成一个平台造礁工程技术的体系框架。

1.3　研究内容和方法

1.3.1　学术构想与思路

“平台造礁”（Rigs-to-Reefs）包括海上退役平台的部分拆除和人工鱼礁改造，涉及多个工程技术领域，是一项综合性的系统工程。本书通过对相关研究文献、法律规范以及示范工程施工作业实践的分析与研究，构建科学的平台造礁技术体系，探索规范化的平台造礁工程技术工艺流程，从而为平台造礁工程安全、高效的管理和实施提供依据和保障。

针对海上退役石油平台弃置进行科学管理的重要意义和迫切需求，本书首先以系统工程分析理论为方法论基础，对平台造礁的主体——海上退役石油平台拆除和人工鱼礁建设工程进行系统分析，建立规范化的平台造礁技术体系框架。在此基础上，根据中国海上退役油区和海上工程的实际情况，按照工作分解结构原理（WBS）将平台造礁工程的技术流程进行细化，并对细化的各个技术环节进行具体分析。

然后，以埕岛油田退役平台造礁示范工程为研究对象，运用实证分析的方法，对平台造礁示范工程的适宜性评价和建设过程进行研究，并通过对示范工程区域鱼礁投放前后的海洋生态环境状况进行跟踪调查与监测，对平台造礁示范工程的生态环境效应（渔业增殖、生态修复）进行评估。

1.3.2 研究方法

(1) 系统工程分析方法。

运用系统工程分析方法，从平台造礁工程所包含的整体与部分、结构与功能、系统与环境、状态与目标的相互联系、相互作用、相互影响的关系中，对平台造礁工程的技术流程进行归纳与综合，从而构造出比较合理的平台造礁技术体系结构框架。

(2) 工作分解结构(WBS)原理。

对平台造礁工程的各个技术环节的规律性和约束性特征进行分析，按照工作分解结构原理，将平台造礁工程的技术流程划分为便于操作管理的技术单元，通过借鉴相关的学术研究成果、标准规范性文献和实践经验，对各技术环节的进行规范化和标准化。

(3) 理论研究与实证分析相结合的方法。

在大量相关学术研究、法律法规与技术规范的理论分析的基础上，运用实证分析的方法，以埕岛油田退役平台造礁示范工程的现场调查与监测为基础，对平台造礁示范工程的适宜性评价和建设实施过程，以及示范工程的生态修复效果进行实证研究。

1.3.3 研究内容和技术路线

本书主要包括以下六部分内容。

(1) 海上退役采油平台造礁工程适用性论证。

本部分提出了平台造礁工程可行性论证的原则、依据与方法。通过对平台造礁方案的适用条件进行分析，探讨了平台造礁论证的总体原则，并对平台造礁工程论证过程进行规范。

(2) 海上退役采油平台的拆除。

本部分主要对海上退役采油平台拆除工作以及平台造礁工作的整个流程进行梳理，并对每一关键技术环节进行分析和说明。平台造礁工程的主要程序包括退役平台设施的清洗、拆除，以及鱼礁礁体的布局、设计、加工和投放。

(3) 礁体的设计与加工。

本部分主要包括礁体总体布局、礁体的设计、礁体材质的选择、礁体加工方法等内容。平台造礁若要达到预期目的，礁体的设计与加工必须以平台自身条件、周边海洋环境、水文条件等具体条件为依据，并结合平台海区具体的海洋生物特性、投礁着底应力、海底表面的承载能力、水动力等条件进行。

(4) 鱼礁的吊装与投放。

本部分主要根据国内外人工造礁建设和其他海上工程作业的实践操作经验并结合平台造礁工程实际情况，对礁体捆扎、吊装、投礁方案及后续礁区标识管理等技术环节中涉及的一般性原则和具体实施过程的操作规范进行系统归纳总结，构建鱼礁投放技术体系。

(5) 工程验收及后续评价。

从验收条件、标准和验收内容等方面规范平台造礁工程的验收流程，建立平台造礁海区的跟踪调查制度和评价指标体系，从水质、沉积物、生物、流场和礁体现状等方面对平台造礁工程的环境效益进行评价，建立平台造礁工程的后评估体系。

(6) 埕岛油田退役平台造礁工程示范研究。

以埕岛油田退役平台造礁示范工程为例，通过示范区的海洋生态环境状况的跟踪调查和监测，对平台造礁示范工程的适宜性、实施过程和实施效果(渔业增殖、生态修复)进行实证研究。

本研究的技术路线如图 1-1 所示。

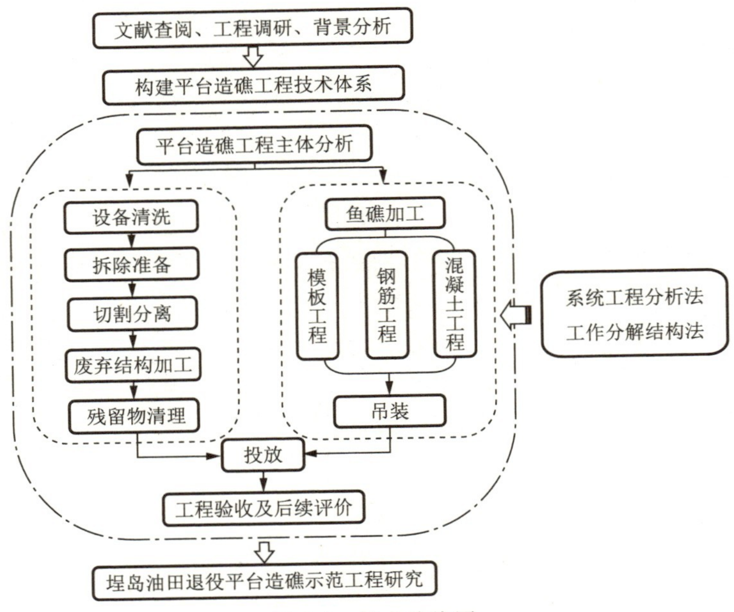

图 1-1　技术路线图

第 2 章 >>>

平台造礁工程可行性论证

人工鱼礁选址受海洋物理环境、生物环境和社会环境等多种因素的影响。在平台造礁项目规划的海域使用论证报告编制过程中，应以海洋功能区划为基础，综合考虑拟选区的海洋功能区划、海流状况、海水深度、底质、水质、生物资源和地形等因素能否满足人工鱼礁选址的要求[49]。平台造礁工程的合理性关系到该海域生态修复的成败。如果平台自身或者周边海洋环境无法达到建设要求，不仅会影响到生态修复效果，还可能对海洋环境、航道安全等带来不利影响。

2.1 平台造礁工程论证的总体原则

海上退役采油平台的自身条件、周边海域、环境等因素，都对平台造礁能否实施以及其修复生态环境的效果有着重要影响，应按照但不仅限于以下原则对平台造礁选址和建设进行适宜性论证[66-67]：

(1) 满足海洋功能区划，禁止在海底电缆、管道(在用)通过的区域进行平台造礁；

(2) 适宜的水深，退役平台所处的水深≥5 m；

(3) 平台造礁工程所处海域海底地形变化不宜过大，一般情况下单个礁体范围内海底坡度 $i \leqslant 30$；

(4) 平台造礁宜布置在泥沙来源较少、构造活动较小的区域，一般要求礁体附近泥沙的年淤积平均强度应小于 30 mm，以避免礁体被覆盖。

(5) 底质较硬、泥沙淤积少，要求海底表面承载力≥4 t/m^2，淤泥层厚度≤600 mm，以保证鱼礁稳定性；

(6) 适于透明度大、受风浪影响较少、不受污染的海域，日最高透明度 500 mm 以上的时间要求≥100 d，年大风(≥6 级)的天数≤160 d，水质符合渔业水质标准；

(7) 水流交换通畅，但流速不宜过急，要求流速≤1 500 mm/s；

(8) 退役平台海域有地方性、岩礁性鱼类栖息或者洄游性鱼类按季节通过；

(9) 对于水深小于 30 m 的退役平台造礁工程，要增加弃置平台设备、设施的分割程度，宜补充投放混凝土构件、石料等鱼礁单体；对于水深大于 30 m 的退役平台造礁工程，平台弃置设施适宜作为主要投礁材料。

2.2 海区环境背景资料的收集

采油平台所在海域的海洋环境条件是平台造礁工程可行性的首要影响因素。海洋环境调查采取资料收集与现场调查相结合的方法[68]。首先应充分搜集和利用现有的资料，平台所在海区需要收集的环境背景资料包括以下方面。

(1) 气温：收集多年平均气温、各月平均气温、最低月及平均气温、最高月及平均气温等资料。

(2) 降水：收集常年降水量、历史上最大日降水量、最大月降水量及其出现日期等资料。

(3) 风：收集风向的季节变化、累年各风向频率、平均风速和最大风速、大风天数等信息。

(4) 雾：收集年平均雾日、雾日集中月份等资料。

(5) 冷空气：收集年出现中等冷空气次数、强冷空气次数、冷空气活动频繁月份等资料。

(6) 台风(热带气旋)：收集造成严重影响的台风(最大风速≥10.8 m/s，或日最大降水量≥30 mm)次数，台风最大风速和最大降雨量等资料。

(7) 潮汐：收集潮汐性质、涨落潮历时、潮差等资料。

(8) 潮流：收集潮流性质、潮流运动形式、余流、上升流、主流向等资料。

(9) 波浪：收集有关的波浪资料，包括波向、浪高、周期和各月频率。

(10) 泥沙：收集海水中悬浮含沙量及粒度、泥沙淤积速度等资料。

(11) 径流：收集沿海主要水系、年径流总量、最大洪峰量等信息。

(12) 水温：收集多年平均水温、各月平均水温、历史上最低和最高水温及其出现日期等信息。

(13) 盐度：收集多年平均盐度、各月平均盐度、历史上最低和最高盐度及其出现日期等信息。

(14) 生物资源：收集的生物资源包括浮游植物、浮游动物、底栖生物、游泳动物。

(15) 海底地形：收集最新的海底地形数据。

2.3 海区海洋环境调查与评价

2.3.1 调查内容

当现有海洋环境背景资料不能满足要求时，需进行现场调查和测试，并分析现状监测数据的可靠性和代表性。调查的主要内容包括[69]以下方面。

(1) 水质：水温、盐度、水色、透明度、DO、pH、营养盐(包括硝酸氮、氨氮、亚硝酸氮、磷酸盐、硅酸盐)、悬浮物、COD、BOD_5、石油类、叶绿素、初级生产力、重金属(包括铜、铅、锌、镉、汞、砷)。水质调查记录表的格式见附录A。

(2) 沉积物：粒度、含水量、容重、抗压强度、抗剪强度、承载力、氧化还原电位、石油类、有机碳、硫化物、总磷、总氮、铁。底质调查记录表的格式见附录A。

(3) 生物：浮游植物、浮游动物、底栖生物、游泳生物；鱼类、甲壳类、贝类等生物体污染物残留量：石油类和重金属铜、铅、镉、砷、汞。生物调查记录表的格式见附录 B。

（4）海流：流速、流向等。

2.3.2　调查方法

海洋环境调查方法按照《海洋监测规范 GB17378》中的样品采集、运输和保存、样品预处理和实验分析、数据分析与处理和《海洋调查规范 GB12763》中的规定与要求实施[70]。

（1）调查站位布设：在退役平台周边 500 米范围内，距离平台不同距离处布置 2～4 个调查站位。其中，海流观测可在平台造礁区附近设一个站位。

（2）监测频率与采样层次：在采油平台退役后，进行一次水质、沉积物、生物、海流监测，监测需要在 11 月份以前进行。

1）水质调查应包括高潮期和低潮期；当水深≥10 米时，分别在表、底两层采集水样；当水深＜10 米时，只在表层采集水样。

2）沉积物需要获取柱状样，并进行沉积物岩性与结构分析。

3）微生物采表层样，叶绿素 a 采样层次同水质。

4）海流的连续观测时间长度应不少于 25 h，至少每小时观测一次；海流的观测层次如表 2-1 所示。

表 2-1　海流的标准观测层次

（m）

水深范围	标准观测水层	底层与相邻标准层的最小距离
＜50	表层，5，10，15，20，25，30，底层	2
50～100	表层，5，10，15，20，25，30，50，75，底层	5
100～200	表层，5，10，15，20，25，30，50，75，100，125，150，底层	10
＞200	表层，10，20，30，50，75，100，125，150，200，250，300，底层	25

注：① 表层指海面下 3 m 以内的水层。

② 底层的规定如下：水深不足 50 m 时，底层为离底 2 m 的水层；水深为 50～200 m 时，底层离底的距离为水深的 4%；水深超过 200 m 时，底层离底的距离，根据水深测量误差、海浪状况、船只漂移情况和海底地形特征综合考虑，在保证仪器不触底的原则下尽量靠近海底。

③ 底层与相邻标准层的距离小于规定的最小距离时，可免测接近底层的标准层。

2.3.3　评价方法与标准

2.3.3.1　水质

取得海区海洋环境数据后，应根据实际需要对海洋环境数据进行整理、分析和评价。其中，水质的评价方法和评价标准如下。

（1）评价方法：采用单因子污染指数法进行评价。

1）一般水质因子的标准指数：

$$S_{i,j}=C_{i,j}/C_{s,i} \tag{2-1}$$

式中：$S_{i,j}$——某监测站位污染物 i 的标准指数；

$C_{i,j}$——评价因子 i 在 j 点的实测统计代表值(mg/L)；

$C_{s,i}$——评价因子 i 的评价标准限值(mg/L)。

2）溶解氧的标准指数：

当 $DO_j \geq DO_s$：

$$S_{DO,j} = |DO_f - DO_j| / (DO_f - DO_s) \tag{2-2}$$

当 $DO_j < DO_s$：

$$S_{DO,j} = 10 - 9DO_j / DO_s \tag{2-3}$$

式中：$S_{DO,j}$——溶解氧的标准指数；

DO_f——某水温、气压条件下的饱和溶解氧浓度(mg/L)；

DO_j——在 j 点的溶解氧实测统计代表值(mg/L)；

DO_s——溶解氧的评价标准限值(mg/L)。

3) pH 值的标准指数：

$$S_{\text{pH},j} = |\text{pH} - \text{pH}_{SM}| / D_s \tag{2-4}$$

$$\text{pH}_{SM} = \frac{1}{2}(\text{pH}_{\text{su}} + \text{pH}_{\text{sd}}) \tag{2-5}$$

$$D_s = \frac{1}{2}(\text{pH}_{\text{su}} - \text{pH}_{\text{sd}}) \tag{2-6}$$

式中：$S_{\text{pH},j}$——pH 的标准指数；

pH——pH 的实测值；

pH_{sd}——评价标准中 pH 的下限值；

pH_{su}——评价标准中 pH 的上限值。

(2) 评价标准：水质评价标准采用《海水水质标准 GB 3097—1997》中的二类标准。水质因子的标准指数>1，则表明该项因子已超过了规定的水质标准。

2.3.3.2 沉积物

沉积物的评价方法和评价标准如下。

(1) 评价方法：采用单因子污染指数法进行评价，具体方法与一般水质评价方法相同。

(2) 评价标准：沉积物评价标准采用《海洋沉积物质量标准 GB 18668—2002》中的一类沉积物标准。

2.3.3.3 生物

生物的评价指标如下。

(1) 多样性指数：采用 Shannon 信息指数计算浮游植物群落、浮游动物群落、底栖生物群落的多样性指数。计算公式如下：

$$H' = -\sum_{i=1}^{s} P_i \log_2 P_i \tag{2-7}$$

式中：H'——种类多样性指数；

P_i——群落第 i 种的数量或重量占样品总数量之比值(数量可以采用个体数、密度表示，重量可用湿重或干重表示)；

S——群落中的物种数。

(2) 群落均匀度：采用 Pielou 均匀度指数评价浮游植物群落、浮游动物群落、底栖生物群落的均匀度，计算公式如下：

$$J' = H' / \log_2 S \tag{2-8}$$

式中：J'——均匀度指数；

H'——群落实测的物种多样性指数；

S——群落中的物种数。

(3) 生物质量：生物质量的评价方法和评价标准如下。

1) 评价方法：采用单因子污染指数法评价鱼类、甲壳类、贝类等生物质量，具体方法与一般水质评价方法相同。

2) 评价标准：采用《海洋生物质量 GB 18421—2001》中的一级标准，对贝类质量进行评价；采用《无公害食品、水产品中有毒有害物质限量》和《第二次全国海洋污染基线调查技术规程》，对鱼类和甲壳类质量进行评价(评价标准见表2-2)。

表2-2　渔业生物质量评价标准

(mg/kg)

污染因子	鱼类	甲壳类	贝类
Oil	20.0 * *	20.0 * *	15.0 * * *
Cu	50.0 *	50.0 *	10.0 * * *
Pb	0.5 *	0.5 *	0.1 * * *
Cd	0.1 *	0.5 *	0.2 * * *
As	0.5 *	1.0 *	1.0 * * *
Hg	0.5 *	0.5 *	0.05 * * *

注：* 为《无公害标准》；* * 为《技术规程》；* * * 为《海洋生物质量》。

2.4　海上退役采油设施调查

2.4.1　调查方式

海上退役采油设施的调查应以资料收集与现场调查相结合的方式进行。首先，充分收集上部组块设计、建造、运营、维修等的历史资料。在此基础上，组成专家组针对采油设施结构进行详细的现场调查。

2.4.2　调查内容

2.4.2.1　平台上部组块调查

对于退役的平台上部组块，按各独立平台(井口平台、生活-动力平台、生产平台、储罐平台、消防平台等)的所有设施进行分类调查。调查内容包括但不限于：

(1) 平台设施的平面布置图；

(2) 各设备、设施的尺寸、重量；

(3) 各设施与基础或相邻设备间的连接方式(焊接、法兰连接等)、连接图；

(4) 容器式设备的设施内部介质类型、存留情况、设备受污染情况；

(5) 各设备、设施的腐蚀情况；

(6) 平台之上各设备之间联接管道的长度、直径、受腐蚀情况等；

(7) 甲板吊机的安装位置、起吊重量与工作半径；

(8) 各独立平台之间的栈桥长度等。

2.4.2.2　平台结构调查

对于全部拆除或需要切割至水下55米深的退役平台，需要重点调查平台的结构。主要调查内容如下。

（1）调查平台结构的设计资料、各功能平台的结构形式。根据实际需要，可选择性地收集平台结构设计相关图纸资料包括但不限于：

1）结构规范计算书；

2）平台上部结构图和甲板结构图；

3）平台舱室结构图；

4）平台结构总体分析计算书，包括静力分析和动力分析的计算结构模型及其边界条件、所分析结构参数及特征（输入数据）汇总表、载荷详图及加载方法、计算结果总结表及其相应说明；

5）构件强度、稳定性、刚度校核计算书；

6）导管架平面图、立面图；

7）导管架结点焊接详图；

8）钢桩结构图、接桩图或筒形基础结构图；

9）吊耳结构图和吊耳强度校核；

10）管结点强度分析。

（2）各平台桩腿水上部分高度、水下部分长度、泥面之下的长度。

（3）各桩腿的导管架内外径（壁厚）、桩内外径（壁厚）、导管架与桩之间混凝土的密度（桩腿的水平剖面图参见图 2-1）。

（4）桩腿上下段之间的焊接位置、结构安装时导向装置的位置。

（5）各支撑管架的直径、长度、壁厚等。

（6）井口设施（油管、套管等）的直径、长度、壁厚等。

（7）甲板钢板的厚度、面积。

（8）平台结构自上而下各分段重量。

（9）桩腿泥面附近的沉积物冲刷深度与范围。

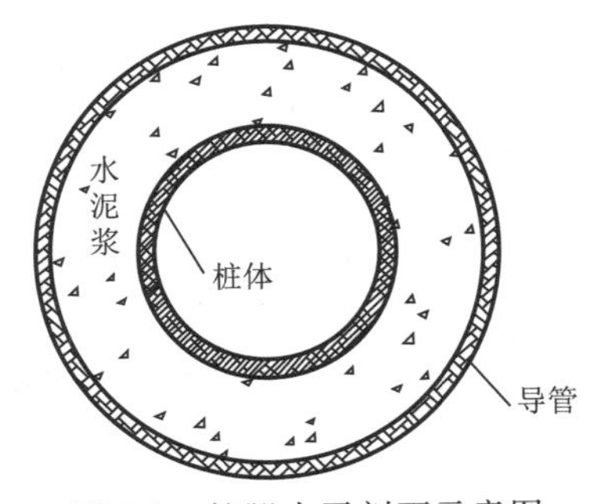

图 2-1　桩腿水平剖面示意图

2.4.2.3　管道调查

充分收集条件监控记录、维护与修理报告、定期检验报告。退役管道处置前需要调查的具体内容如下。

（1）根据需要可选择性地收集海底管道有关设计与图纸资料：

1）管道的起始坐标，管道走向图；

2）立管和立管支撑结构图；

3）异型管道结构图，包括膨胀弯、交叉管道和分支管道等；

4）管路、管路附件和支撑构件的结构图；

5）加重层设计说明书；

6）结构计算书（包括结构强度分析、屈曲分析、疲劳分析、结构动力分析、在位稳定性分析、施工应力分析）；

7）若有管道交叉时，可收集交叉平面图和断面图；

8）海底管道埋深设计和特殊管段保护设计图；

9）压力和密封性试验大纲。

（2）退役管道的长度以及与相邻管道之间的连接关系。

（3）管道所处的水深、地形。

（4）管道掩埋深度、管道悬空情况（长度、高度等）及管道悬空治理方式。

（5）管道分段长度及各段之间联接方式（法兰式、螺旋连接、自动连接、J形管、焊接连接等）。

（6）管道的直径、壁厚。

（7）各管道的配重层材料、厚度。

（8）各段管道输送的介质类型，退役时管道内部介质存留情况。

（9）管道的设计工作压力与最近承受的工作压力。

2.5　相关报告的编制

经过前期的海洋环境和平台设施调查等一系列的准备工作后，对于适宜进行平台造礁的采油平台，应以书面的形式向有关部门提交可行性论证报告及环境影响评价报告，正式提出平台造礁申请，有关部门审批同意后才可进行平台弃置、拆除和造礁工作。

2.5.1　可行性论证报告

2.5.1.1　编制原则

海上退役采油设施拆除及平台造礁项目可行性论证报告的编制原则包括以下内容。

（1）相关责任（建设）单位应按照国家有关政策、法规的要求进行可行性论证报告的编制。

（2）在遵循有关政策、法规的要求的基础上，相关责任（建设）单位应按照一定的编制原则、工作内容和深度以及报告书编写要求，编制相应的可行性论证报告，并进行公众参与信息公示。通过社会公众和专家意见调查，调整完善项目方案。

（3）根据平台的具体情况、鱼礁的类型、所在海域的环境条件，可行性论证报告的编制应在工作内容和深度上有所取舍和侧重。当平台拆除及造礁工程对平台所在海区的环境或生产、航运等产生重大影响时，可行性论证报告可根据需要适当扩充和加深。

（4）可行性论证报告应遵循安全可靠、技术可行、结合实际、注重效益的原则。对于可行性论证报告中推荐采用的新方法、新工艺和新设备，应进行技术经济方面的深入论证。

2.5.1.2　报告的主要内容

（1）海上退役采油设施拆除可行性论证报告的主要内容和深度应符合下列要求：

1）确定拆除工程任务及具体要求，论证弃置方案的合理性；

2）确定水文、环境、地质等方面的参数；

3）复核工程的环境背景资料、主要技术指标及参数，确定拆除、吊装方式和工程总体方案；

4）选定切割及吊装的主要技术工艺与设备，确定拆除顺序、安排施工总进度及人员组织与配备；

5）复核平台结构稳定性，对选定的切割、吊装方案进行稳定性及强度分析，提出相应的评价意见和结论；

6）确定平台拆除结构作为鱼礁材料和岸上处置的选择标准，提出平台结构的运输及回收方案。

（2）平台造礁项目可行性论证报告的主要内容和深度应符合下列要求。

1）进行投礁区海洋环境调查和适宜性评价，确定平台造礁项目选址条件与人工鱼礁投放的技术条件及论证方案的合理性。

2）根据平台周边海域内的海洋环境条件，确定人工鱼礁的类型与设计原则、人工鱼礁的建造与设置要求。

3）分析平台造礁工程对环境水质、海流、渔业资源、区域内作业船舶的航行等因素的影响及评价工程的事故风险，并提出相应的措施建议。

4）提出项目组织管理机制与保障措施，确定项目建设期限和实施进度。

5）结合平台所在海区的实际情况，编制平台造礁项目的资金预算，制定项目资金投入的预算额度。

6）对项目前景进行初步预测，并从生态效益、经济效益、社会效益等方面对方案进行综合评价。

2.5.2 环境影响评价报告

2.5.2.1 编制原则

平台弃置及平台造礁项目环境影响评价报告的编制原则包括以下内容。

（1）责任（建设）单位应当在平台弃置及平台造礁项目的立项或可行性研究阶段，委托具有海洋工程环境影响评价资质的单位，编制海洋工程环境影响评价大纲；经有关部门批复后，环评单位根据批复的环境影响评价大纲来组织编制海洋环境影响报告书（以下简称“环评报告”）[71]。

（2）根据项目周围污染源及其项目本身的情况，分析项目受外界环境影响的污染因素以及自身产生的污染因素，筛选出主要污染因子。

（3）根据项目的规模及其对海洋环境可能产生的影响，按照《GB/T 19485—2004 海洋工程环境影响评价技术导则》第 5 章至第 9 章的具体要求，确定各环境要素的评价内容和评价范围。

（4）根据《环境影响评价公众参与暂行办法》的相关要求，责任（建设）单位应对平台弃置及平台造礁项目的海洋环境影响评价进行公众参与信息公示，使项目可能影响区域内的公众对项目建设情况有所了解。通过公示，了解社会公众对本项目的态度和建议，接受社会公众的监督。

2.5.2.2 平台弃置环评报告主要内容

平台的责任者应向海洋行政主管部门提交平台弃置申请书及环境影响评估论证报

告。平台弃置的环评报告应包括但不限于以下几个方面的内容。

(1) 平台周边海域的自然环境状况评价。

(2) 平台自身状况(如腐蚀等)可能对海洋环境造成的影响评估。

(3) 弃置作业对海洋环境可能造成的影响评估。

(4) 平台弃置可能对海洋功能使用(如水面、水下航行等)和海洋资源开发造成的影响分析及防治对策。

(5) 弃置作业过程中的环境保护措施和应急预案。

(6) 弃置后平台失效结构漂离原地的风险评估。

(7) 弃置后的跟踪调查计划及监管措施。

2.5.2.3　平台造礁环评报告主要内容

平台造礁工程环境影响评估应当包括但不限于以下内容。

(1) 平台造礁项目的简况。

(2) 平台造礁区域及周边海洋环境现状调查和评价，主要包括海洋海流、海洋地质、海洋生物状况等。

(3) 平台造礁建设与运营期的环境影响评价，具体内容包括但不限于：

1) 海洋水动力、冲淤的环境影响评价；

2) 水质的环境影响评价；

3) 固体废物的环境影响评价；

4) 海洋生态及渔业资源的环境影响评价；

5) 环境空气和噪声的环境影响评价。

(4) 施工期与运营期的环保防治措施。

(5) 整个项目选址和建设的可行性分析。

第3章

海上退役采油平台的拆除

平台造礁工程经过论证得到可行的结论后，可以向有关部门提出平台造礁申请，审批通过后即可开始海上退役采油平台的部分拆除工作。平台拆除的主要程序包括：设施关断、弃井和井口套管拆除、平台系统关断和设施清洗、上部设施拆除、下部设施拆除、海上固定和拖航、上岸及岸上拆卸、海底管道处理等。因海上平台处于远离陆地的特殊作业环境，因此，平台拆除的每一步都必须严格控制，以免因拆除工作给海洋环境带来负面影响。

3.1 封井

3.1.1 一般原则

对于退役的海上平台，在拆除之前必须进行封井作业。封井作业应遵守以下原则。

（1）对于保留在海底的水下井口装置或者井口帽，应当按照国家有关规定向海洋石油作业安全管理部门进行报告。

（2）封井作业可利用井口平台作为陆基基础。

（3）封井作业后，应做到井内外无地下流体上串的通道，地下流体没有泄漏到海底面而污染海洋环境的可能性。

3.1.2 封井作业技术要求

进行封井作业时，应遵循以下技术要求[72]。

（1）应用水泥或封隔器封隔开渗透性地层和油气层，保证不同压力层系之间的地层流体不能相互串通。

（2）在可能的产层之上或裸眼至井口，至少应有一个封井水泥塞，用液体试压或是加重量的方法进行正向压力试验。

（3）每次注水泥塞的长度不超过 200 m。

（4）在裸露井眼井段，对油、水、气等渗透层进行全封，在其上部至少注 50 m 水泥塞以封隔渗透层，防止地下物质流出或互窜。如果裸眼井段无油、气、水，则在最后一层套管的套管鞋上部和下部各打至少 30 m 水泥塞。

(5) 对于已下尾管的情况，在尾管顶部上下30 m的井段各注入水泥塞，长度不小于30 m。

(6) 对于已在套管或者尾管内进行了射孔试油作业的情况，对射孔层进行全封，在其上部注水泥塞，长度不小于50 m。

(7) 表层套管内水泥塞长度至少45 m，且水泥塞顶面位于海底泥面以下4 m至30 m之间。

(8) 如果水泥塞试验压力超过套管抗内压强度时，应采用可回收式封隔器进行试压作业，避免水泥塞以上的套管承载。试压标准如表3-1所示。

表3-1　水泥塞试压数据

套管规格/mm	试验压力/mPa	停泵观察时间/min	试压介质	允许压力降/mPa
≤127.0	18.0	30	清水	≤0.5
139.7	15.0	30		
177.8	12.0	30		
244.5	10.0	30		
339.7	8.0	30		

(9) 如果套管外还有地层没有被水泥封住，要在切口以下10 m和以上30 m，注一个水泥塞；如果切断的套管封着气层，一般要在切口处安装一个EZSV桥塞，并在其上面注入一个30 m水泥塞；最后一个井口水泥塞应从泥面以下至少50 m向上注至泥面。

(10) 施工作业完成后15日内，作业者或者承包者应当向国家应急管理部海油安监办有关分部以及平台责任(建设)单位健康安全环保部门提交封井作业报告。封井作业报告应包括但不限于以下内容：

1) 油田名称与油田所在海域地理位置、编号以及井位坐标、封井作业起止日期、封井作业过程概述；

2) 水深与转盘补心海拔平面高度；

3) 井身结构和各层套管尺寸、实际下入深度；

4) 各层套管外各级固井水泥实际返深和试压数据；

5) 射孔深度、各组油气层深度以及油气层原始压力；

6) 封井桥塞下入数量、下入深度以及试验压力数据；

7) 封井水泥塞数量、水泥塞深度位置、水泥塞高度、水泥塞实际水泥用量、水泥浆比重、水泥塞试压等数据；

8) 海底井口保留结构图或生产平台简易井口图；

9) 封井作业井身结构示意图。

3.1.3　封井作业所用的材料

3.1.3.1　水泥及其添加剂

注水泥塞是进行封井作业的基本程序之一。注水泥塞作业所用水泥的主要性能、设计、用量必须满足地层条件和作业的要求，具体要求如下。

(1) 注水泥塞作业所用水泥的化学和物理指标，应符合我国《油井水泥GB 10238—

2005》的相关规定。

(2) 注水泥塞作业所使用的水泥，均需按井下条件进行水泥浆设计，通过对水泥浆性能进行调节来满足封井作业要求，达到水泥浆密度、流变性能、稠化时间、抗压强度等质量标准。

(3) 水泥养护温度应与注塞深度位置的温度一致。

(4) 依据地层条件、作业实际需要等，水泥浆密度主要有以下几种。

1) 常规密度：按水泥级别规范要求(《油井水泥 GB 10238—2005》)。例如 G 级水泥，密度设计为 1.90 g/cm^3。

2) 低密度：用减轻剂使其降低到 1.58 克/厘米^{3}或更低密度，用于封固一般较软的地层，但不能封固目的层。它只能做先导浆，通常和尾随浆(密度≥1.90 克/厘米^3)配套使用。

3) 高密度：通过加入加重材料，密度配制到 2.4 g/cm^3 左右，用于高温、高压井的封井。

(5) 一般在井底温度条件下，水泥强度应不低于 3.45 MPa/8h；对于不候凝水泥，强度至少应达到 3.45 MPa/6h。

(6) 注水泥塞作业前，应在井下温度条件下测定水泥浆性能。当有特殊作业要求时，应进行其他项目试验；当无特殊要求时，应以作业时间加上 1～2 小时作为稠化时间；对于气层固井，应尽可能地缩短稠化时间；对于高温、高压井作业，必须增加延迟混合水，并作稠化时间试验。

(7) 应根据注水泥塞作业的要求，计算得出水泥用量，计算方法参见附录 C。

(8) 为封井作业所用水泥浆选择添加剂时，必须注意以下问题。

1) 在使用添加剂时，不仅要使水泥浆某项性能达到要求，还应考虑添加剂对其他性能的影响。使用缓凝剂会使水泥早期强度下降，使用速凝剂往往使水泥浆流动性变差，所以必须对水泥浆性能进行全面检测。

2) 对于添加剂品种的选择和用量的确定，事先应做室内试验，取得基本数据，以指导现场施工。有些添加剂用量有极限限制，超过极限会起相反的作用，应引起注意。

3) 在选用添加剂时，还应注意施工条件。用量过大或用过于灵敏的添加剂都会给现场施工带来困难。在 G 级水泥中加入速凝剂和缓凝剂，可适用于低、中、高温条件下全井段所有套管层次的注水泥塞作业。

(9) 在注水泥塞作业前，应采集水样进行水分析，并取水泥样进行水泥浆初凝、终凝、流动度试验和添加剂配方等试验，试验方法参见《油井水泥试验方法 GB/T 19139—2003》中的相关规定。

3.1.3.2 井内压井液

在注水泥浆前，一定要泵入压井液，防止水泥浆受污染。压井液的设计要保证注水泥浆作业的质量和安全，应注意以下原则。

(1) 井内压井液应处于稳定状态，保持油管与套管平衡。

(2) 为了达到降温、除气、防止水泥浆污染等目的，在注水泥塞作业前，应采用低屈服点和低塑性黏度的钻井液，进行充分循环；在注水泥浆之后，要泵入适量的隔离液，使管内外液柱压力平衡。

(3) 进行水泥浆与压井液配伍性试验,调整压井液、水泥浆以及隔离液的性能。

(4) 为了保证注水泥塞的质量,在调整好压井液性能基础上,有必要时可对水泥塞井段的井壁泥饼进行清除,并对套管进行洗刷。

3.1.4 封井作业程序

3.1.4.1 前期准备

除了上述封井作业的原则、程序和技术要求外,进行封井作业时还应遵循以下要求。

(1) 备足工作液(包括洗井液、前置液、隔离液和顶替液),液量应不小于使用量的1.5倍。

(2) 作业设备的提升、旋转和循环动力系统应状况良好,运转正常。

(3) 泵注设备的性能应符合设计要求,并有备用设备。

(4) 井场备有符合注塞要求的入井管柱,入井前认真检查、丈量、复核,丈量误差不大于0.2 m/km,并且通径规逐根通过。

(5) 注塞之前应通井,通至设计深度,并按《常规修井作业规程——第5部分:井下作业井筒准备》的规定进行洗井。

(6) 井口应装防喷器,做好防喷及压井工作。地面高压管道水密封试压值应大于预计施工压力的1.2倍。

3.1.4.2 清泥

在井口拆除前,需清除套管外的积泥,然后进行切割。清泥作业可以采用以下疏浚技术[73]:

(1) 吸泥:将配有吸头的吸泥管伸入管件内部或外侧,在挖泥船上的泥泵的带动下将积泥吸出;

(2) 气力提升:由工作船上的抽气机将置于泥面上吸管内空气抽空,形成负压,从而吸出淤泥。

另外,由于长时间淤积,套管内外的积泥会变得板结,因此在清泥之前一般应先通过高压水将积泥稀释、冲散,然后再开展进一步的清泥作业。

3.1.4.3 注水泥塞作业程序

目前,主要有三种注水泥塞的施工方法:平衡法、水泥倾卸筒法以及双塞法。其中,平衡法注水泥塞是最常用的施工方法,主要的作业程序如下:

(1) 将钻杆下入到设计注水泥塞段的底部;

(2) 循环调整钻井液,以满足注水泥浆的要求;

(3) 根据固井程序注入水泥浆,用钻井液或完井液顶替到位;

(4) 从水泥中缓慢上提钻杆,将钻杆起至水泥塞顶部以上150～300 m,然后反循环冲洗钻杆最少一周;

(5) 经过检验,如果发现注水泥塞作业需要进行修补,可进行挤水泥作业,具体工艺参见《海洋钻井手册》第六章“固井”之第八节。

3.1.4.4 探水泥塞与试压程序

注水泥塞和挤水泥作业完毕后,要进行探水泥塞和试压,应视情况依次进行以下工序:

(1) 反循环冲洗完钻杆后，起出光钻杆或插入管，并在起钻杆过程中甩下多余的钻杆和钻铤；

(2) 下入光钻杆或钻头(依据情况确定)到反循环位置；

(3) 当水泥还没有凝固时，应循环候凝，候凝时间如表 3-2 所示。

表 3-2　水泥候凝时间

API 水泥级别	候凝时间/h
A、B、C、D、G、H	24
E、F、J	48

(4) 在下钻探水泥塞过程中，当遇阻达到 90 kN 时，应上提到安全位置，记下水泥塞顶部深度；

(5) 通过液压测试水泥塞，直到挤水泥时的压力，或达到套管鞋处油气层泄漏/破裂压力；

(6) 提起钻杆，完成封井作业。

3.2　海上退役设施清洗

3.2.1　一般原则

海上退役采油设施在弃置前，均应进行清洗，以达到环保和安全作业等要求。清洗作业的一般原则如下[19]。

(1) 为避免海上采油设施拆分和弃置过程中石油类泄漏与释放，保护海洋生态环境，应对平台上部(主要包括设备、容器和管系)和水下部分(主要包括立管、海底管道)等均进行清洗。另外，对于拆除下来且用作鱼礁材料的设备、管道、阀门等，应进一步严格地单独清洗。

(2) 设施清洗后，需要满足的清洁指标如下：

1) 平台设备、管道和容器内均无残油；

2) 管道、容器内氧气体积分数不小于 20%，可燃气体含量在爆炸极限下限的 20%以下；

3) 海底管道内无油滴，冲洗至水中含油量不大于相应海区清洗水石油类排放限值；

4) 动火作业时不会发生燃烧或爆炸；

5) 动火作业时无有毒气体析出。

(3) 平台设施进行清洗应遵循先生产工艺系统、生产辅助系统，后公用系统的原则。在不冲突的情况下，清洗作业可交叉进行。从系统中分离的设备、容器等设施可单独清洗。通常采用以下顺序进行清洗：

1) 海底管道：输送油气的管道等；

2) 工艺系统：原油及污水处理系统、开/闭式排放系统、热液/油系统、天然气系统、化学药剂系统等；

3) 公用系统：滑油/柴油系统等。

(4) 清洗工艺的选择按照下述原则进行：

1）系统内单一设备：采用人工清理并适当结合高压水射流；

2）大范围管道系统：采用化学清洗工艺，针对管道系统实际情况来选择适当的除油/垢清洗剂。

（5）对清洗产生的废弃物必须进行回收处理：在平台污水处理系统可用的条件下，尽量就地处理达标排放；否则，必须运回陆地，送交资质合格的单位处理。

3.2.2　准备工作

在对海上退役采油设施实施清洗作业之前，应进行以下准备工作。

（1）基础条件：

1）弃置平台的清洗以平台弃置前、工艺设施尚可正常运行时进行为宜。

2）水源可选择淡水或海水。淡水应洁净、无色无味；如情况允许，也可选择海水作为清洗水源。

3）电源：功率应能够满足清洗相关设备的负荷。

4）加热系统：提供热源，满足清洗温度要求。

5）外输设施：保证清洗废水能够及时处理、回收。

（2）主要设备：清洗海上废弃采油设施所涉及的相关设备见表 3-3。

表 3-3　清洗施工主要设备

序号	设备名称	序号	设备名称
1	高压水射流清洗机	10	垃圾箱
2	清洗循环泵站	11	气动隔膜泵
3	防爆对讲机	12	手提式清洗机
4	测氧测爆仪	13	自给式空气呼吸器
5	红外线点温仪	14	呼吸器充气机
6	空压机	15	化验分析仪
7	防爆抽排风机	16	分析天平
8	蒸汽机	17	pH 检测器仪
9	污油罐		

3.2.3　清洗方式

在原油采出后的初加工、贮存和外输过程中，所含的沥青质、胶质、蜡质以及夹带的泥沙、无机杂质等一起在容器和管道内沉降下来形成油泥，因此退役采油设施的污垢主要为油泥。

基于海上退役采油设施清洗的时间、空间限制以及清洁度的要求，一般根据实际情况选择化学清洗、人工清理和高压水射流等一种或多种方法结合使用。其中，化学清洗、人工清理和高压水射流清洗的工艺特点如下。

（1）化学清洗：化学清洗一般是将浸泡与循环方式结合起来进行，主要包括碱洗（除油）、水冲洗、中和钝化等步骤。化学清洗系统由 4 部分组成，即清洗对象、循环泵、配液槽和临时连接管路。进行化学清洗时，首先应对清洗系统现状有一个清晰的了解，做好下面的清洗准备工作：

1）依据油污的取样分析结果选择清洗剂和清洗工艺；

2）根据现场油污分布估算清洗剂用量；

3）依据海上退役采油设施的现场调研结果，设计清洗循环系统并做好人员、设备、工具、材料准备；

4）充分考虑海洋石油平台清洗作业的风险，做好相应的安全防护措施。

5）在现场施工前，要做好清洗对象的预处理(放空、吹扫、置换)和清洗系统的隔离；

6）化学清洗工艺的关键在于控制清洗液的 pH 值、浓度、温度及流量与流速等条件，其控制参数见表 3-4。

表 3-4　化学清洗工艺的任务、清洗液及工艺参数

序号	清洗步骤	清洗任务	清洗液	工艺参数
1	碱洗(除油)	除油；松动垢层，清除垢层中部分碱性物质	NaOH Na_3PO_4 OP-10 AEO-9	温度 80 ℃～90 ℃； 时间 8～24 h； 流速 0～0.3 m/s
2	水冲洗	清洗碱液，使清洗系统中水的 pH 降至 8～9	清水	将碱液放尽后，用清水高流速清洗
3	中和 钝化	形成钝化膜，使系统在停用期间受到保护	Na_3PO_4 NaOH	温度 80 ℃～90 ℃； pH10～11； 时间 8～24 h； 流速 0～0.2 m/s

(2) 人工清洗：在平台上进行人工清理作业时，必须使用防爆工具和材料(如铜铲、塑料簸箕、塑料桶、棉纱等)，并以目测法或擦拭法判定清洗是否合格。

(3) 高压水射流清洗：根据待清洗结构及其附着物的物理化学性质等条件，选择、设计高压水射流清洗系统，高压水射流清洗的适用范围、系统构建和主要的工艺参数如下。

1）平台上的换热器、容器、开闭排管道、甲板等，常采用高压水射流清洗。适用的结垢物类型包括各种机械堵塞物、各类盐碱结垢物、油脂及油污凝结物、石蜡、沥青、淤泥等。

2）高压水射流设备整机由控制系统、高压水发生设备(以下简称泵)、执行系统及辅助系统组成，其主要组成部件包括调压装置、泵、喷头及控制装置、硬管及软管等。

3）高压水射流清洗的工艺参数主要包括功率、喷嘴直径、射流驱动压力和流量、进水速度、射流的靶距或射程以及射流打击力等。其中，选择合理的压力等级是任何水射流工艺系统的关键环节。清洗油污推荐的工作压力适用值见表 3-5。

表 3-5　推荐的高压水射流清洗机工作压力适用值

垢质种类	状态	硬度	颜色	适用压力/MPa
油污混合垢	黏稠	软	黑色	40

3.2.4　清洗作业

3.2.4.1　换热器的清洗

换热器的清洗包括壳程清洗和管程清洗，具体步骤如下：

(1) 对系统与换热器进行有效隔离；

(2) 排放换热器壳程及管程内的液体，拆除换热器的保温层和封头；

(3) 设置防污染区域和高压水射流清洗区域；

(4) 利用高压水射流软枪清洗换热器管程和壳程；

(5) 疏通清洗现场检查合格后，利用压缩空气进行水分吹扫；

(6) 将换热器复位，水密试验合格后交验。

3.2.4.2　容器的清洗

容器清洗一般是将高压水射流和人工清洗结合进行。主要步骤如下：

(1) 确定容器已进行有效隔离，将孔盖打开，进行自然通风；

(2) 对容器内气体进行检测，检测合格(可燃气体体积分数低于爆炸极限下限的 2%，氧气体积分数比大于 19.5%)后，清洗人员方可进入、开始作业；

(3) 对高压水射流清洗机进行连接，在适合工作压力下冲洗容器内壁；

(4) 通过气动隔膜泵将容器内的含污油水抽排至污油罐；

(5) 使用防爆工具清出容器内杂质，放入专用收纳装置；

(6) 将容器内油污、水渍等擦净，检查无遗留物；

(7) 检测合格交验、对容器进行盲封。

3.2.4.3　系统的化学清洗

系统的化学清洗主要包括公用系统、生产工艺系统和辅助系统的管系清洗。清洗剂一般以碱性水基金属清洗剂为主，在适当温度下进行循环清洗。主要步骤如下：

(1) 将系统内液体抽排至指定的收集装置内，必要时使用惰性气体进行吹扫；

(2) 对清洗范围以外的设备进行隔离；

(3) 根据现场情况，选择、设计清洗工艺，对临时管路等清洗装置进行连接，建立清洗循环；

(4) 吹扫残余液体后进行水压试验，将配置好的清洗液注入系统，启动加热装置保证清洗在合适温度下进行；

(5) 对清洗过程进行监测，并将清洗废液及时回收处理；

(6) 清洗结束后，对系统进行吹扫、干燥，经验收检测合格后进行盲封处理。

3.2.4.4　海底管道的清洗

(1) 清洗程序。海底管道多为长距离输油、输水、输气管道。由于清洗的管道较长，海底管道(尤其是输油管道)内的污垢成分复杂，同一表面垢层既有无机盐，又有凝油、石蜡、胶质。为了提高清洗效果，应做好清洗液、清洗助剂、温度、流速和设备的筛选工作。海底管道通常采用开路加浸泡的方法。具体步骤如下：

1) 作业前准备工作主要包括：配制清洗液，置换海底管道内液体，对系统进行锁定隔离，以及确定注液和残液回收工艺流程；

2) 注入清洗液对海底管道进行浸泡，达到设定时间后回收清洗废液；

3) 对系统进行大排量冲洗，并进行全程监测；

4) 清洗质量检测合格交验。

(2) 清洗工艺。由于不同海底管道的两端连接装置存在差异，海底管道清洗可以分为半海式和全海式清洗，可根据实际情况来对清洗工艺进行选择。

1）全海式海底管道主要包括连接平台至浮式储油卸油装置、单点系泊装置的管道，可以采用碱洗除油工艺清洗。清洗时，首先将清洗液注入海底管道以替换海底管道内的原有介质，之后开始对海底管道进行浸泡；浸泡结束后，可以利用平台或浮式储油卸油装置上的注水增压泵进行冲洗。

2）半海式海底管道主要是针对由平台通往陆地终端的输油管道。清洗作业一般采用清洗剂浸泡除油的方法进行。

① 通过输送泵将清洗剂注入海底管道内以替换残留原油，在陆地处理终端对管道内的原油进行回收。

② 注入清洗剂对管道进行浸泡，达到设定时间后，启动输送泵，进行大排量的冲洗。在处理终端的接受能力范围内，冲洗所产生的废液可以直接进入处理流程。如果冲洗液排量过大、终端系统处理能力无法承受时，可以进行暂时存储，间歇注入处理终端，进行处理和回收。输油管道的清洗废液以进入流程为佳，而清洗废液中的原油进入流程处理后，还可回收利用。

3.2.5 污染控制措施

(1) 在舱室容器设备内清除的污油泥等沉积物，要运到陆上处理；

(2) 人工清洗作业时产生被污染的废弃棉纱、吸油毛毡等工业垃圾，要运到陆上作为危险废物处理；

(3) 清洗液不能随意排放，应集中收集，并运到陆上进行处理；

(4) 冲洗水的排放参照我国《海洋石油勘探开发污染物排放浓度限值》(GB 4914—2008)执行，即生产水中石油类的容许排放浓度要低于规定的限值标准，如表 3-6 所示。超过排放浓度限值的清洗水不得直接或稀释或加入消油剂后排放，应运到陆上进行集中处理。

表 3-6 清洗水排放浓度限值

项目	等级	浓度限值(mg/L)	适用海域
石油类	一级	≤30	渤海、北部湾、国家划定的其他海洋保护区域和其他距陆地最近距离约为 6.44 千米(4 英里)以内的海域
	二级	≤45	除渤海、北部湾和国家划定的其他海洋保护区域外，其他距陆地最近距离为 6.44～19.31 千米(12 英里)的海域
	三级	≤65	一级和二级海区以外的其他海域

注：距陆地最近距离从领海基线为起点计算。

3.3 海上退役设施的拆除

3.3.1 拆除范围

海上退役采油设施的拆除范围主要包括以下内容。

(1) 部分拆除的采油平台需要拆分平台甲板之上的管系-设备-设施之间的连接、设备-设施与其基础之间的连接。

(2) 对于切割至水面以下 55 米的部分拆除，还涉及甲板与导管架的拆分、水下桩腿的分割、井口、立管等的拆除。

（3）全部拆除平台还涉及海底泥面以下桩腿的分割。

（4）悬空海底管道的切割。

3.3.2 拆除方法

进行海上退役采油设施的拆除作业时，应视情况采用以下拆除方法：

（1）拆除海上石油平台常用的拆分方法是切割法，常用的水下结构切割法主要包括金刚石绳锯切割机切割法、磨料高压水射流切割法、聚能器切割法、旋转式内割刀切割法[74-75]；

（2）可用于上部结构的拆分方法：氧乙炔切割、热喷枪、高压水冲蚀、机械锯切割；

（3）用于水下结构的拆分方法：氧气电弧切割、热喷枪、钻石锯、钻粒缆切割、聚能爆破、高压水冲蚀、机械锯切割、接触装药料爆破切割[28]；

（4）用于泥下结构的拆分方法：钻粒缆切割、高压水冲蚀、聚能爆破、接触装药料爆破切割；

（5）对于平台上部设施中管系与设备拆分、设备与其基础的拆分以及海底管道的分段，可以采用拆卸连接法兰的拆除方法[76]。

3.3.3 井口拆除

3.3.3.1 一般原则

井口的拆除作业应遵循以下原则[77-78]：

（1）按照国家有关规定，退役平台的所有套管、井口装置、桩基应当切割至海底面以下4米。

（2）套管的切割位置应避开套管接箍；同时，应保证在已切割的每层套管内，切割处上下各有至少20 m的水泥塞，并且切割位置以上的套管不在裸眼内，以免套管被粘住或卡住。

（3）在隔水套管泥面以下形成3～5 m深坑的情况下（在海流作用下易于回淤的海域，需要快速实施切割作业；或者采用沉箱防淤技术），根据退役井口设施的处置方案，要分别采用不同的套管切割方法。

（4）导管必须在海床以下4 m切割；最后一层套管切割的位置要在泥线以下3～5 m。

（5）只有在井眼安全、稳定的情况下，才能拆除井口防喷器。

3.3.3.2 拆除工艺

井口的拆除作业主要可采用以下两种工艺。

（1）内切割。井口的内切割法可应用于套管和导管的切割。

1）套管的内切割程序：

① 确定油气层或裸眼地层被封住后，根据套管型号确定适合的割刀体、稳定器（使用298.45 mm刀体时，可不用稳定器）、接头、加重钻杆、钻杆等切割工具；

② 接好刀体和刀臂，完成功能试验后用麻绳捆住刀臂，下割刀到设计要求的切割位置，避开套管接箍，刹住绞车；

③ 先转、后缓、慢开泵，转速控制在60～70 r/min，逐步提高排量，排量根据扭矩确定；扭矩不宜过大，通过观察扭矩变化，判断套管是否割断；

④ 起出割刀，观察刀臂痕迹，再一次判断套管是否被割断；

⑤ 确认油气层被封住后，拆掉防喷器组、套管四通、套管头、泥线悬挂器等设备；

⑥ 下入套管捞矛，或在套管顶端割孔，用高强度钢丝绳上提、回收套管。

2）导管的内切割程序：

① 为防止导管割断后倾倒，在切割导管前，应先用绷绳进行捆绑，并在导管顶部割好两个孔，上好卸扣，用高强度钢丝绳提住；

② 根据实际需要，导管的切割程序可按套管切割顺序进行；

③ 在确认导管完全割断后，下入光钻杆，注入最后一个井口水泥塞；起出钻杆后，回收导管，封井作业完成。

（2）外切割-爆破法。井口的外切割-爆破法通常有以下 3 种备选方案。

1）用高压水冲泥和气举法排泥后，在每根隔水套管外侧冲泥，使隔水套管泥面以下形成 3～5 米的深坑；潜水员到坑底安装“多功能高效金刚石线切割机”；逐个切割井口，再将导管架顶部隔水套管固定处切割后，即可将隔水套管吊起，装到驳船上。

2）用高压水冲泥和气举法排泥后，在每根隔水套管外侧形成 3～5 米深的坑；潜水员在坑内隔水套管外侧装塑胶炸药；进行定向爆破；切割隔水套管与导管架之间的固定，焊吊点或在套管上开吊点孔；依次吊出隔水套管、井口内套管。

3）用高压水冲泥和气举法排泥后，在每根隔水套管外侧形成 3～5 米的深坑；在套管内放入炸药，在坑内进行爆破。炸断后，吊运装船。

3.3.4 平台上部组块拆除

3.3.4.1 准备工作

在实施海上退役平台上部组块的拆除作业之前，必须根据上部组块的具体情况进行下列准备工作[51]。

（1）平台上部结构主要包括上部钢结构、生活楼、舾装设备、工艺设备与管道等。在拆除前，首先需要明确平台甲板上所有设备和设施退役后的去向（用作人工鱼礁材料或运回陆上处置）。

（2）根据对组块的检测结果，对组块结构进行吊装分拆；当结构杆件有问题时，可将组块内重量大的设备或容器先行拆除，以减小组块的重量。

（3）关断平台上工作系统，但保留平台吊机（尽量利用平台上吊机进行吊装）和生活设施。对于仅拆除上部组块的部分拆除，可在人工鱼礁建成后再拆除平台吊机[79]。

（4）若组块的吊点和吊装支撑杆件已被拆除，需要重新设置；当强度满足要求时，需要计算出组块的重量、重心，并对其进行精确配扣（选用合适的吊扣、卡环等）。

（5）根据平台设施重量以及平台吊机的吊装能力，确定大型组块的拆分方案。

（6）准备平台设施拆分、拖航、码头吊装需要的装备，并列出清单。

（7）确定驳船上各个模块或结构物所在的位置，画出装船图（包括所选用的垫墩的型号和固定方式）。

（8）根据拆分的进度安排，筹划运输驳船的就位时间。

（9）选定退役设施陆上处置场地。

（10）制定安全预案。

3.3.4.2 拆分作业

在进行上部组块的拆除作业的过程中，应保证施工的规范、科学和安全，并遵守以下原则。

(1) 在拆除油气管道及设备时，尽量不要采用动火作业的方式。首先拆除设备与工艺管网的连接法兰，然后拆除设备与其基座间的螺栓连接；如果不得不采用切割拆除，应先将该管道与油罐等的连接处拆开，并加装盲石棉垫。

(2) 储罐经清洗、置换，达到动火条件后，沿底部与平台切割分离，然后用钢管或角钢打好加强后，用浮吊整体吊到回收船上，在陆地上进行整体拆除。

(3) 将与平台分离且隔离好的容器、设备撬块等先行调走；对于那些过长的工艺管道，应将其切割成合适的长度，大型组块要拆分至满足平台吊机的吊装能力。

(4) 在进行舾装、设备房的拆除时，其内部的设施一般应与舾装、设备房同时吊离拆除，待上岸后再做进一步的拆除处理。当重量超出吊机的起重能力时，可将其内部的部分设施等先行拆除。

(5) 对不同用途的拆分设备和设施(鱼礁材料或陆上处置)进行标识。

3.3.5 导管架拆除

3.3.5.1 一般原则

导管架的拆除作业应遵循以下原则。

(1) 除了导管架本身的拆除外，导管架的拆除作业还应包括甲板、栈桥、导管、横撑、斜撑、桩体等支撑构件的拆除；拆除时应按照先上后下、化整为零的原则进行[52]。

(2) 在导管架拆除前，各类船舶和作业设备必须准备就位。

(3) 对于体积小、重量轻的导管架，在割断桩腿后，即可整体起吊装船，并运回码头或运至投礁区；对于大型导管架，受起重能力的限制，无法整体起吊，需先对导管架进行分割处理，以满足吊装、拖运的经济性和安全性。

(4) 在进行导管架切割时，应根据重量与尺寸需要，尽量减少水下切割工作量和主桩的分段数。

(5) 根据导管架实际情况、技术水平和资金成本等因素，综合考虑导管架的水下与水上切割方式，选择安全、环保、经济的切割方式。

(6) 经过长期使用后，导管架水面以上(尤其是在潮差段)的杆件一般腐蚀较为严重，所以在拆除前需要对导管架的水上管件进行检测，并提交检查报告；对于导管架的水下杆件，必要时可由潜水员到下水进行目测检查，对导管架进行强度分析[79]。

(7) 当拆除结构拟再利用时，应保证吊离部分的整体性，也要保证剩余部分的整体性：当小型独立平台拟再用作平台时，宜作为整体拆除；当支撑管架拟用作鱼礁材料时，管架宜作为独立构件。

3.3.5.2 相关参数的分析

导管架的拆除包括水面以上设施和水下设施的拆除，具有一定的施工难度和危险系数，因此拆除前要对相关参数进行分析，必要时需进行定量计算。其中包括以下内容。

(1) 导管架切割过程中的稳定性分析：在导管架的拆除过程中，当遇到大风大浪威胁作业安全的情况，应立即停止作业，撤回港口。此时的导管架保留在现场，要对剩余未拆除柱腿的安全性进行严格的计算和分析，以便作出相应的防护措施。

(2) 起重与装(卸)载能力分析：如果采用分段切割、吊装的方式进行导管架的拆除作业，为了节约成本和缩短作业时间，应在保证安全和结构稳定的条件下，尽量减少分片(段)。但是，要注意在设计切割方案时，必须综合考虑起重吊装能力、作业船和码头的装卸能力。

(3) 桩腿质量计算：桩腿通常由导管、桩体、水泥浆组成。在导管架分段以及吊耳设计时，需要充分考虑桩腿的水下部分常附着海生物，所以在退役时桩腿的质量通常大于安装时的质量。桩腿质量可按下式进行计算：

$$M_{ztt} = M_{zt} + M_{dg} + M_{snj} + M_{hsw} \tag{3-1}$$

式中：M_{ztt}——桩腿质量(kg)；

M_{hsw}——桩腿附着海生物的质量(kg)；

M_{zt}、M_{dg}、M_{snj} 分别为桩体、导管、水泥浆的质量(kg)，可以由下式计算(对于变径壁厚的情况可分段计算)：

$$M = 3.14\rho(R^2 - r^2)h \tag{3-2}$$

式中：ρ——钢材或水泥浆的密度(kg/m³)；

R——外径(m)；

r——内径(m)；

h——桩腿长度(m)。

3.3.5.3 设备配置

导管架的拆除作业涉及空气中、水下、泥中设施的拆分，需要应用到各类施工设备，其中包括切割设备、浮驳、配套拖轮及工作运输船等。各类施工设备的配置要合理，设备配置要考虑的主要因素如下：

(1) 拆除方案(如果支撑管架拟再用做平台材料，根据管架的总重量，需要大型起重船、浮驳等)；

(2) 被切割设施的数量及重量；

(3) 被切割设施外形尺寸；

(4) 拆除平台周围海底设施分布情况等。

3.3.5.4 导管架拆除工艺

进行导管架拆除作业时，应遵循以下工艺要求。

(1) 导管架腿的切割：

1) 在选择海上结构拆除方案时，必须对各种材料及不同几何形状截面的切割技术、工艺和设备进行考察，并进行比较和分析[80]；

2) 海洋平台上部结构的切割与常规的陆上工业设备的拆除方法相同；

3) 对于水下结构的切割，应根据实际作业情况选择适用的切割技术；

4) 对于要求在海底泥面某一深度下进行切割的构件，需采用特殊技术进行切割，如聚能爆破、管内高压水/砂冲蚀、带内装钻粒缆刀具夹头的管外切割器等。

(2) 导管架结构的分割：

1) 对于体积小、重量轻的导管架，在泥面以下 4 m 割断桩腿后，即可整体起吊装船并运回码头或运至投礁区；

2）对于大型导管架，受起重能力的限制，无法整体起吊，需先对导管架进行分割处理。分割时，水下可用“金刚石线切割机”“高压水研磨切割机”或其他满足切割要求的工艺设备，水上用气焊切割。

（3）立管与电缆的拆除：

1）用高压水冲洗立管，并采用“金刚石线切割机”切断立管与平管的连接；将立管用吊扣拴好后，打开立管卡子，吊出立管放置到驳船上。

2）在导管架以外，使海底电缆在某处拴好扣，起吊后电缆就从电缆保护管中落到海底，从而将导管架上的海底电缆固定部分拆除。

（4）栈桥的拆除：

1）在拆除栈桥前，首先要计算栈桥的重心（在结构的形心附近），并且设计吊点位置，使起重船吊钩就位；

2）采用氧乙炔切割法拆分栈桥与甲板或平台管架之间的连接，拆分后起吊装船。

（5）甲板与过渡段的拆除：

1）当退役支撑管架（甲板与过渡段）用做平台材料时，甲板与其相连的管架宜作为整体切割；切割前设置吊耳，起重吊钩就位。

2）当退役甲板用作鱼礁材料时，甲板宜拆分成独立规则的正方形（有利于后续的鱼礁加工），或者甲板与其连接的斜撑进行整体切割；切割前设计好吊点位置，并设置吊耳，起重吊钩要就位，采用氧乙炔法切割。甲板与主桩的连接部分，宜采用氧乙炔法将甲板沿主桩水平轮廓进行拆分。当甲板独立拆分时，宜采用氧乙炔法，把横撑与斜撑切割成独立管段，两端开口。

（6）主桩的拆除：

1）当主桩泥面以下部分拆除时，需要采用4.1.4.2的方法进行清泥作业。

2）当退役支撑管架再用做平台材料时，各主桩可作为整体拆除，吊点宜利用管架的原有结构；在管架重量计算时，需考虑退役时主桩质量大于安装时的质量。

3）主桩之间的横撑拆除后，各主桩宜拆成独立部分，作为鱼礁材料；在实施切割作业前，合理设置吊耳位置；在计算吊耳的吊装力时，载荷系数应大于2。

4）可以采用钻粒缆切割、高压水冲蚀、聚能爆破、接触装药料爆破切割等方法实施切割作业。

5）在爆破法切割时，根据主桩的半径、导管与桩体的壁厚、水泥浆的强度与厚度等因素，确定装药量；爆破作业应采取有效措施，避开主要经济鱼虾的产卵、繁殖和捕捞季节，而且作业前需要报告海洋渔业主管部门，并且作业时应有明显的标志、信号。

3.3.6　海底管道的处置

3.3.6.1　一般原则

海底管道的处置应遵循以下原则。

（1）在海底管道原位弃置对环境不会造成影响的情况下，注水管道与清洗后的输油、输气管道宜在原位弃置。

1）被沉积物掩埋的管道直接弃置，而悬空管道需要分段后再进行弃置。如果悬空管道位于航道上，分段后需要沿着管道走向挖管沟掩埋。

2）为增加管道重力，避免管道发生漂移，退役管道宜充满海水。

（2）对于海底管道原位弃置可能对海洋环境造成影响的情况或由于其他原因，需要进行海底管道拆除回收的，应按4.3.6.3海底管道拆除和4.3.7底管道回收的相关要求进行处置[26]。

3.3.6.2 海底管道原位弃置

海底管道的原位弃置程序主要包括：

（1）明确需要处置管段（悬空管道）的位置、水深、海洋功能区划；

（2）对需拆除的管道进行全面的调研，包括对图纸、说明书、维护手册、操作记录等有关文件的查阅和现场调查，以确认要拆除管道所处的真实状态；

（3）切断退役管道与主管道的连接；

（4）明确处置管段是配重情况、配重材料、法兰连接位置；

（5）优先通过拆卸法兰来拆分悬空管道；

（6）当不能通过拆卸法兰拆分管道时，采用钻粒缆切割、高压水冲蚀、聚能爆破或接触装药料爆破等方法（可参见4.3.6.3（4）管道的切割工艺）对管道进行切割分段；

（7）通常沿悬空管道走向采用挖泥船挖管沟，掩埋退役管道。

3.3.6.3 海底管道拆除

（1）准备工作。在海底管道拆除前，应调查管道状况，作出详细的计划和设计，然后逐步实施。

1）明确拆除管道的去向和用途，作出工程的需求计划。

2）通过对终端站实地勘查，确定在现场提供临时清洗球发射和接收设备的必要性，评价现有的流程操作及设备。

3）通过实施勘查海底管道，查明管道包覆层、稳定性和跨距的状况。管道在海底放置主要有以下几种状态：

① 自然放置在海底：由于管道自身的重量，被部分或全部埋入泥土中；

② 开槽放置在海底：开槽有深、浅槽之分，管道基本上埋入泥土中；

③ 管道被堆埋在海底：没有经过人工开槽，管道被掩埋在泥土中；

④ 管道被人工制成品覆盖：覆盖物有砂石、砂浆排/袋、水泥块或机械锚碇。

4）提取管内残渣物，进行详细的化学分析。

5）当管道中流体不能排放到井下油藏时，需提出替代方案、所用设备和相应操作。

6）根据管道建设资料、设计说明书和勘查信息，制定出需准备的附加管道稳定和跨距支撑措施。

7）对作业步骤和详细操作规程实施技术性检查，完成详细申请报告，并取得管理部门的管道拆除许可证。

（2）拆除程序。海底管道的拆除程序主要包括：

1）明确拟拆除管段的位置、水深、海洋功能区划；

2）对需拆除的管道进行全面的调研，以确认要拆除管道的真实状态；

3）清除掩埋管道的泥沙，使管道及其连接物暴露出来，查看管道及其附件的状态；

4）清洗管道中残留的油气物和其他残留物，包括清洗前的资料调研、取样检验、清洗方法确定、清洗回路设置、容器收集、实施清洗等；

5）按设定的回收方案，对管道实施切割、起吊、搁置、搬运、回收。

(3) 管道覆盖物清除。根据管道放置、掩埋方法、环境条件等因素，对于清除掩埋物的施工作业，应选择合适的清除方案和清除施工方法。清除掩埋物的主要方法有：

1) 利用喷射滑车或喷射犁(耙)车进行清除作业；

2) 海底开出坑道；

3) 利用挖泥船等设施进行施工；

4) 起重船加潜水员施工；

5) 采用沉底泵吸法或岸边开坑道；

6) 当沙排盖在管子上时，可采取分段切割的方法进行起管；

7) 当水泥块盖在管子上时，需人工粉碎后再进行清除；

8) 对于锚定、锚柱，需要潜水并实施爆破切割。

(4) 管道的切割工艺。进行海底管道拆除作业时，水下切割应遵循以下工艺要求：

1) 对于需要回收的海底管道，需要在某一管段中沿径向割断，使其成为两端开口的可回收管段。

2) 对于海底管道的切割长度，需考虑可在驳船的甲板上或海底放置的空间等因素。

3) 施工单位应根据现有的设备、技术工艺和作业人员的技术水平，可选择的主要切割方法有：

① 接触装药料爆破切割：爆炸装药(包)装在管道上，用电气点火装置引爆。点火可在海面上用遥控无线电信号或光信号执行，以避免过早爆炸的危险。

② 成型装药料爆破方法(聚能爆破)：炸药被装在一个软金属(铜或铅)制成的、具有箭头形截面的管状盒套内。装药盒套绕在管子的外壁或内壁上，其箭头尖顶处于管子表面的远端，如图 3-1 所示。

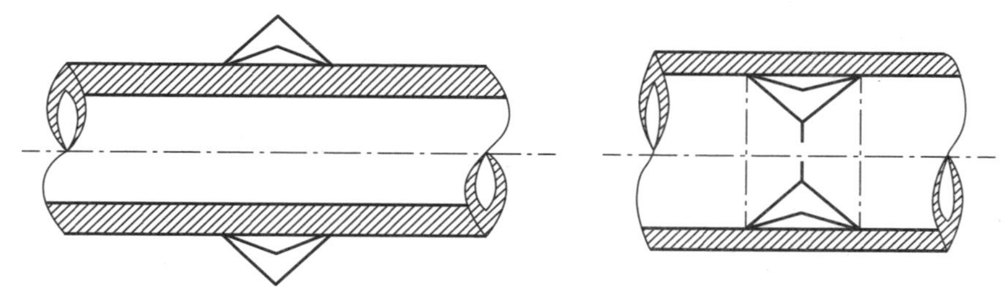

图 3-1　成型装药法料示意图

③ 冲击波爆破切割：卷曲的带状装药包围在管子上，点火爆炸，利用与固体直接接触的炸药爆炸会在固体内产生若干聚束的波来切断钢材。

④ 机械锯切割：一种镶嵌了工业钻石碎片的带状循环锯由液压马达驱动；液压马达由电动液压动力站通过长度不超过 10 m 的胶管供油以减少压降；动力站能遥控操纵板调节速度、锯刃带的位置和进刀量。

⑤ 研磨砂/水喷射切割：利用含有研磨材料微粒水的高速喷射，使局部变形和断裂，产生切割的效果。有两种系统可以应用：一种系统是在水喷嘴的下游混入研砂，工作压力为 70～2 000 bar；另一种 BHRA 系统是预先将水和研磨砂混合，并将混合液在 100～200 bar 压力下直接喷射到工件上。

⑥ 热能方法：利用热能使金属熔化的方式进行切割。主要有两种不同的方式：简单地

输入热能熔化；使用由铁/氧/氧化铁反应产生的氧化热（非铁金属和不锈钢不能使用）。

3.3.6.4 海底管道的回收

海底管道的回收应遵循以下原则。

（1）按照敷管的相反程序，一般需要动用装有大起重机的大功率铺管船。常见的有平拉起管船、滚轮式起管船、带切割的起重工程船。如图 3-2 所示[26]。

（2）先将海底管道切割成段，再用起重机吊到船上。这种施工可使用较小的工程船。其回收方法有海底管子牵引法、S 形取管法、J 形提升取管法。如图 3-2 所示[81]。

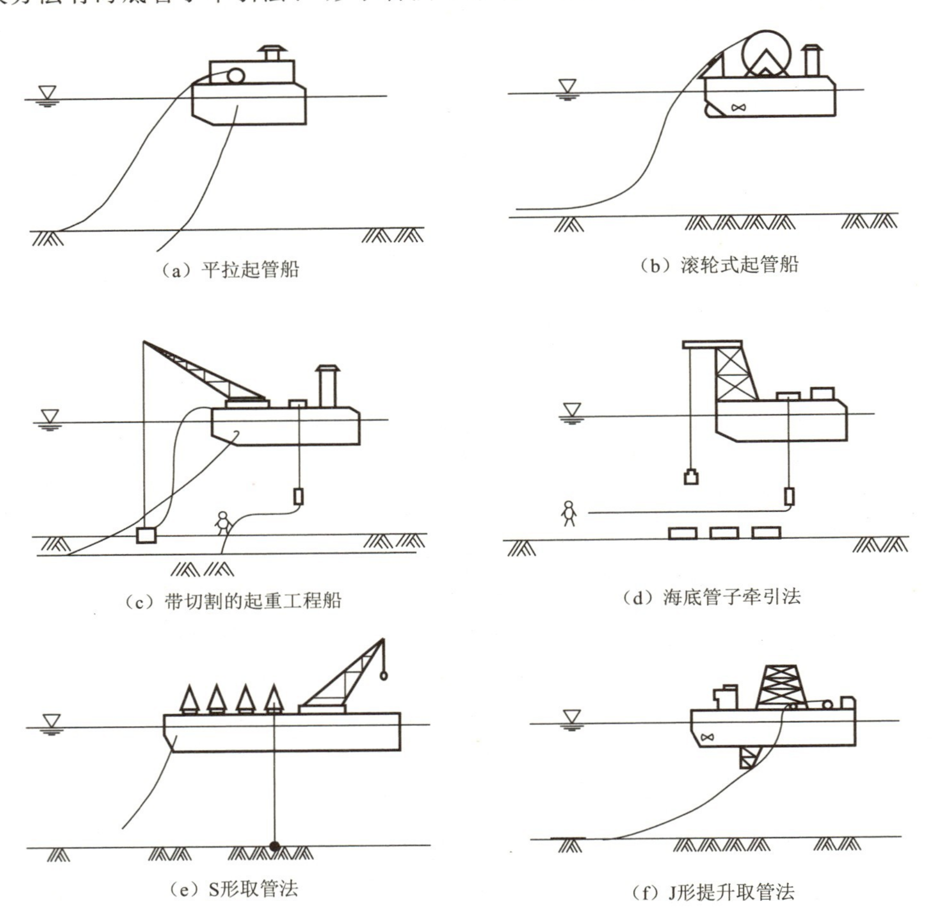

图 3-2 海底管道回收方法[81]

第4章 >>>

海上退役采油平台造礁

海洋环境多变，且每年适宜施工的周期较短，应根据平台拆除作业的预计时间安排，提前进行鱼礁礁体的设计与加工工作。除了根据目标海域的海洋环境情况确定人工鱼礁礁区范围和规模外，鱼礁礁体设计时必须根据先期海洋环境调查资料为依据调整礁体的材质、形状、体积、结构等以确保礁体在投放后能够达到预期目的。

4.1 平台造礁总体布局

4.1.1 一般原则

在平台造礁工程设计和施工之前，首先根据目标海区的海洋环境情况，对平台造礁的总体布局进行设计。总体布局设计的一般原则包括[55]以下方面。

（1）根据海上退役平台及其附属采油设施位置和规模，进行平台造礁的总体设计。

（2）人工鱼礁区总体平面形状宜采用四边形或多边形，而且总平面图应注明控制点坐标（经纬度）。

（3）礁区的总体布置应能限制底拖网渔船的作业[56]。

（4）人工鱼礁的礁体布置和构件设计应能在礁体周围产生上升流和涡流，以利于海洋生物的繁殖和生存，提高聚鱼效果。

4.1.2 礁区范围与规模

平台造礁应以退役采油平台导管架为鱼礁的主体框架，在各独立平台四周一定范围内建设单位鱼礁；导管架与单位鱼礁组成鱼礁群。礁区的范围与规模的确定可以参考下列原则[82]。

（1）根据平台范围、水深和投资规模等因素，综合确定平台造礁的总体规模。

（2）将退役的各独立平台建设成鱼礁群，而且沿各独立平台之间的栈桥走向使各鱼礁群组成小规模的鱼礁带（见图 4-1）；在集中采油区，由多个退役平台改建的小规模鱼礁带，可以形成大规模的鱼礁带。

（3）考虑到平台造礁的生态修复作用，推荐单位鱼礁规模为 400 m^3 · 空左右。

(4) 鱼礁的设置方向宜与海流方向交叉,以便阻碍潮流运动而产生特殊的涡流流场,从而形成更多鱼类、浮游生物和甲壳类的栖息地[83]。

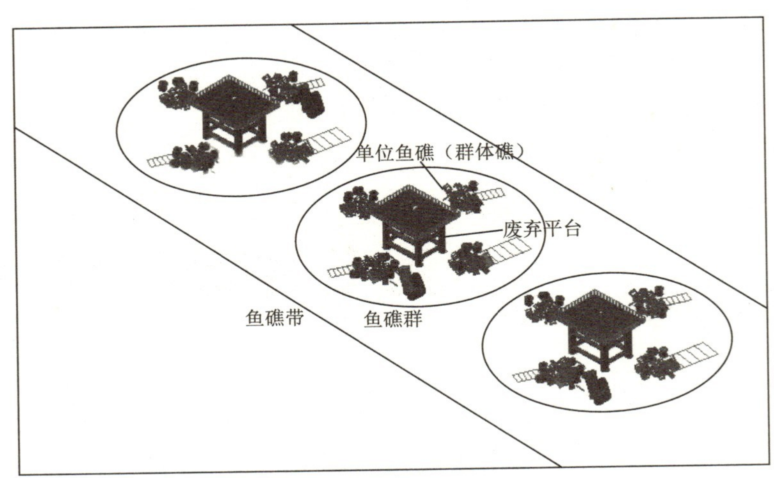

图 4-1 平台造礁布局示意图

4.2 礁体设计

4.2.1 一般原则

鱼礁的设计涉及礁体材料、鱼礁强度、单体结构与体积等方面。鱼礁设计的一般原则包括以下方面。

(1) 为了保证人工鱼礁的工程质量,平台造礁建设单位应委托具有相应设计资质的设计单位进行人工鱼礁工程设计。无人工鱼礁工程建设设计图纸、不得进行人工鱼礁工程施工。

(2) 人工鱼礁工程的设计理念是适用、安全、经济,有利于海洋生态环境的保护[84]。

(3) 礁体设计应充分考虑礁体的相容性、耐久性(设计使用寿命不少于 30 年)、稳定性及经济性。在满足结构稳定、施工安全和航行安全的前提下,应尽量提高礁体构件的高度、空方体积、表面积与重量的比例,使人工鱼礁产生最大的生态效益[57]。

(4) 礁体应设计成多孔洞、多缝隙、多隔壁、多悬垂物的结构,使礁体结构有很好的透水性。值得注意的是,礁体孔洞直径宜小于 300 mm 或大于 500 mm,以免对潜水员造成危险。

(5) 鱼礁应能够满足其结构在运输、安装和沉设后的强度、刚度和稳定性要求,保证礁体构件的运输、组装和投放的安全性[85]。

(6) 人工鱼礁材料具有功能性、兼容性、耐久性。平台造礁工程应主要采用废弃平台结构物及混凝土预制构件,废旧船舶、电杆等可以作为辅助鱼礁材料[86]。

(7) 混凝土或钢结构鱼礁应分别按照《港口工程混凝土结构设计规范》(JTJ267)和《钢结构工程设计规范》(GBJ-17)进行结构设计,其结构安全等级定为三级。

(8) 在理论研究和工程实践的基础上,不断采用新技术、新材料,优化礁体结构,提高人工鱼礁的效能,保证人工鱼礁技术上可行、经济上合理。

(9) 建设单位应该委托有相应设计资质的单位进行人工鱼礁工程设计,无人工鱼礁工程设计图纸、不得进行人工鱼礁工程施工。

4.2.2 礁体设计程序

鱼礁单体的设计应根据投礁海域的实际情况，经过前期调研、确定方案、礁体设计、模拟实验、设计定案等程序有针对性地进行[87]。

(1) 前期调研：鱼礁单体设计前应进行充分的资料收集、现场调查、计算分析等调研工作，为礁体设计提供科学依据。

(2) 确定方案：经过前期调研后，在掌握设计依据的基础上，需要经过多方论证，最终确定礁体的设计方案。

(3) 礁体设计：在礁体设计方案的指导下，进行礁体体积、结构、材料的设计，选择符合总体方案的礁型和材料。

(4) 模拟实验：礁体设计草图完成后，需进行鱼礁模型制作和模拟实验，经检验符合方案要求，才能确定设计方案。

4.2.3 礁体设计依据

4.2.3.1 鱼类的生态特性

鱼礁单体的结构应能适应鱼类及其他海洋生物的生态特性。鱼礁结构设计应以中空型式为主，空隙通水、透光，适宜生物居住。对于不同活动水层的鱼类应做不同的考虑[88-89]。

(1) 针对趋光与趋音性鱼类，鱼礁设计应考虑以下方面。

1) 对于在鱼礁周围游泳的趋光、趋音性鱼类，鱼礁能够产生光和流影等物理性刺激，礁体结构不要求复杂，但尺寸和空洞部分要大，使礁体能明显区别于其他的海底结构物[90]。

2) 鱼礁空隙可根据鱼眼的构造(眼球为真球，视野150°，辨像力差，视距为1 m左右)来考虑。为使物体处于鱼类的连续视野之中，鱼礁的空洞最大应在2 m以下，适宜1.5 m左右[91]。

(2) 栖息于鱼礁的趋触性鱼类，一般视力较差，以其侧线感知因涡流而产生的水压变化，从而定栖于鱼礁，因此鱼礁设计时应充分考虑涡流对鱼类的影响因素[92-93]。

1) 当鱼礁构件所形成的涡流在尾流中分离时，鱼礁构件的最小宽度应满足：

$$Bu > 100\ \text{cm}^2/\text{s} \tag{4-1}$$

式中：B——构件宽度(cm)；

u——流速(cm/s)。

2) 鱼礁设计应考虑空隙率较大、形状具有多样性的结构。

(3) 对于索饵鱼类，当其行动活跃时，主要栖息于鱼礁的上流处。因此，人工鱼礁设计应以全潮时鱼礁产生的影响能够传递到表、中层水域为原则。鱼礁要有足够的高度，并具有遮断流体、产生流体声音等功能。

4.2.3.2 鱼礁着底冲击力

鱼礁单体应具有足够的强度以保证其在海底环境中维持相对稳定的形态。因此鱼礁设计应充分考虑投礁着底应力对礁体的作用[66]。

(1) 投礁着底应力：在进行礁体结构设计时，需要考虑鱼礁投放时的着底应力。鱼礁与海底底质接触时将对鱼礁产生冲击力，从而对鱼礁产生冲击破坏。

(2) 鱼礁的承载能力极限状态设计值(礁体强度)必须大于鱼礁着底时的冲击力[94]。为此，设计时应进行鱼礁着底时冲击力的验算，其计算公式如下(计算过程见附录 D)：$R_0 = K_R\varepsilon_0^2 = \hat{\sigma}_G V$，可得：

$$\hat{\sigma}_G = \frac{K_R\varepsilon_0^2}{V} \tag{4-2}$$

式中：R_0——地基反力，即着底时冲击力(N)；

K_R——地基反力系数(MN/m^2)；

ε_0——着底地基变位的收敛值(m)；

$\hat{\sigma}_G$——礁体落体的静换算重量(MN/m^3)；

V——礁体体积(m^3)。

4.2.3.3 海底表面承载力

为避免鱼礁投放后发生整体下沉，应考虑海底表面的承载能力[95]。根据海底底质情况，应设计适当高度、与基底有较大接触面积的礁体结构型式。礁体浮重与底部接触面积的关系可表示为[96]：

$$\gamma_0 \frac{G_{浮}}{S_e} \leqslant \sigma_r, G_{浮} = G\frac{\rho - \rho_0}{\rho} \tag{4-3}$$

式中：γ_0——结构重要性系数(可取为 1.0)；

$G_{浮}$——礁体的浮重(N)；

S_e——礁体与基底的接触面积(m^2)；

σ_r——基底承载力的设计强度值(N/m^2)，通常要求≥4 000 N/m^2；

G——礁体重量(N)；

ρ——礁体密度(kg/m^3)；

ρ_0——水密度(kg/m^3)。

4.2.3.4 鱼礁稳定性

礁体形状和结构影响鱼礁在海底的稳定性(礁体滑移、倾覆、周边冲淤)。在礁体设计时，应针对平台所在海区的水动力条件，选择稳定的礁体结构[97]。

鱼礁的稳定性与其结构的关系可以通过实验和计算来确定(实验原理与方法见附录 E)[98]。

(1) 鱼礁整体滑移：为保证礁体不发生整体滑移，礁体的最大基底摩擦力应大于水平波流作用力，即：

$$K_s P \leqslant f G_{浮} \tag{4-4}$$

式中：K_s——水平滑动的稳定安全系数(可取 1.2)；

$G_{浮}$——礁体的浮重(N)；

f——地面的摩擦系数；

P——礁体受到的水平波流作用力(N)：对于大型礁体，可以通过物理模型试验来确定其所受到的波流作用力；对于小型礁体，其值可以采用 Morison 方程进行估算。即

$$P=|f_{\max}|\cdot h,|f_{\max}|=\frac{1}{2}\rho_0 C_d U^2 D \tag{4-5}$$

式中：$f_{\max}$——礁体单位高度所受的速度力(N/m)；

C_d——速度力系数；

D——计算深度上礁体在 U 法向上的投影宽度(这里 $D=\omega$)(m)；

P——礁体的总波流作用力(N)；

h——礁体高度(m)；

U——水平波流速度(m/s)；

ρ_0——水密度(kg/m^3)。

(2) 鱼礁倾覆：为避免鱼礁在海底发生倾覆事故，保证海底设施安全和投礁效果，应根据礁区海底底质适当改变礁体的结构型式，降低礁体的高度、增大礁体的长度是比较有效的措施。在最不利的设计受力状态下(见图 4-2)，礁体承受的波流作用力对 O 点的力矩小于礁体浮重力对 O 点的力矩，即：

$$M \leqslant K_0 G_{浮}\, l \tag{4-6}$$

式中：M——P 对 O 点的力矩(N·m)；

K_0——抗倾覆的稳定安全系数，K_0 取为 1.5；

l——礁体重心到回转中心的水平距离(m)。

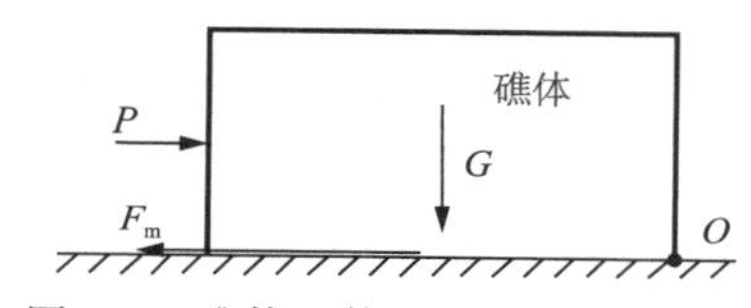

图 4-2　礁体整体稳定性验算示意图

(3) 礁体周围冲淤：礁体投放使礁体周围的流场发生变化，可以促使礁体底部流速较快区域的细砂土被带出，导致鱼礁周围的海底底质变粗；被带出的细砂土又在流速减弱时被淤积，从而改变了礁区的局部海底形态。由于礁体结构和礁区流场的复杂性，增加了定量计算礁体周围冲淤程度的难度[99]。对于大型的礁体，建议通过物理模拟法来评价礁体周围的冲淤变化。

4.3　礁体材料选择

礁体材料的选择主要考虑材料与环境的适应性、兼容性、耐久性、稳定性以及经济性等[100]。材料综合化是人工鱼礁建设的趋势，不同材料组成的人工鱼礁要比单种材料的鱼礁效果好得多[101]。因此，“平台造礁”方案建议在平台海面以下区域投放不同类型材料的鱼礁单体，以期发挥不同的作用，从而诱集多种海洋生物生长、栖息和繁殖，丰富海洋渔业资源。例如，可以选择钢筋混凝土鱼礁单体、废旧钢材、能形成浮鱼礁单体的塑料绳和塑料网等[102]。

4.3.1　混凝土

4.3.1.1　总体性能

作为礁体材料，混凝土的总体性能、强度等指标应满足以下要求。

(1) 礁体混凝土必须按设计强度、耐久性和施工要求进行配合比设计。

(2) 混凝土礁体的混凝土强度一般不低于C20，根据表4-1与表4-2选用其强度标准值和设计值。

表4-1 混凝土强度标准值

强度类型 N/mm²	混凝土强度等级								
	C20	C25	C30	C35	C40	C45	C50	C55	C60
轴心抗压 f_{ck}	13.4	16.7	20.1	23.4	26.8	29.6	32.4	35.5	38.5
轴心抗拉 f_{tk}	1.54	1.78	2.01	2.20	2.39	2.51	2.64	2.74	2.85

表4-2 混凝土强度设计值

强度类型 N/mm²	混凝土强度等级								
	C20	C25	C30	C35	C40	C45	C50	C55	C60
轴心抗压 f_c	9.6	11.9	14.3	16.7	19.1	21.1	23.1	25.3	27.5
轴心抗拉 f_t	1.10	1.27	1.43	1.57	1.71	1.80	1.89	1.96	2.04

(3) 混凝土礁体的受力钢筋保护层厚度不小于25 mm。

(4) 礁体混凝土的水胶比最大允许值：钢筋混凝土取0.6、素混凝土取0.65。

(5) 混凝土拌合物中的氯离子最高限量应符合表4-3的规定。

表4-3 混凝土拌合物中氯离子的最高限值(按胶凝材料总量计)

预应力混凝土	钢筋混凝土	素混凝土
0.06	0.10	1.30

(6) 在选定混凝土配合比时，应采取措施减少拌和物的泌水性和离析。影响混凝土和易性的坍落度按表4-4选用。

表4-4 混凝土坍落度选用值 (mm)

混凝土种类	坍落度
素混凝土	10～30
配筋率不超过1.5%的钢筋混凝土	30～50
配筋率超过1.5%的钢筋混凝土	50～70

4.3.1.2 水泥

作为造礁用混凝土材料，水泥的性能、强度等指标应满足以下要求[103]：

(1) 混凝土礁体中所用水泥的强度等级不得低于42.5级；对掺粉煤灰的预应力混凝土、钢筋混凝土，应采用硅酸盐水泥或普通硅酸盐水泥。普通硅酸盐水泥和硅酸盐水泥熟料中的铝酸三钙含量在6%～12%范围内[104-105]。

(2) 混凝土礁体的最低水泥用量不得低于280 kg/m³。

(3) 当采用矿渣硅酸盐水泥、粉煤灰硅酸盐水泥、火山灰质硅酸盐水泥时，要同时掺加减水剂或高效减水剂。

（4）造礁工程禁止使用烧黏土质的火山灰质硅酸盐水泥。

4.3.1.3　细骨料

作为造礁用混凝土材料，细骨料的性能、强度等指标应满足以下要求。

（1）应采用质地坚固、粒径在 5 mm 以下的岩石颗粒砂作为细骨料，其杂质含量限值应符合表 4-5 规定。

表 4-5　细骨料中杂质含量限值

项次	项目	强度要求	
		≥C30	<C30
1	总含泥量（以重量百分比计）	≤3.0	≤5.0
	其中，泥块含量（以重量百分比计）	≤1.0	<2.0
2	云母含量（以重量百分比计）	≤2.0	
3	轻物质含量（以重量百分比计）	≤1.0	
4	硫化物及硫酸盐含量（以 SO_3 重量百分比计）	≤1.0	
5	有机物含量（用比色法）	颜色不应深于标准色。当深于标准色时，应进行砂浆强度（按水泥胶砂方法）对比实验，相对抗压强度不应低于 95%。	

注：轻物质指表观密度<2 000 kg/m^3（如煤、贝壳等物质）。

（2）平台造礁工程礁体材料中严禁采用碱活性细骨料。

（3）采用碳素钢丝钢绞线及钢筋永存应力大于 400 MPa 的预应力混凝土时，不宜采用海砂；如不得不采用海砂（受条件限制）时，海砂中氯离子含量不宜超过 0.03%（占水泥重量的百分比计）。

4.3.1.4　粗骨料

作为造礁用混凝土材料，粗骨料的性能、强度等指标应满足以下要求。

（1）在配制混凝土时，应采用质地坚硬的碎石、卵石或碎石与卵石的混合物作为粗骨料，其强度值或压碎指标要符合表 4-6 的规定。

表 4-6　岩石的抗压强度或压碎指标值

岩石品种	岩石立方体抗压强度/MPa	碎石压碎指标值/%
沉积岩	≥80	≤10
变质岩或侵入岩	≥100	≤12
喷出岩	≥120	≤13

注：① 沉积岩包括石灰岩砂岩等；

② 变质岩包括片麻岩、石英岩等；侵入岩包括花岗岩、正长岩、闪长岩和橄榄岩等。

③ 喷出岩包括玄武岩和辉绿岩等。

（2）卵石中软弱颗料含量及压碎指标值应符合表 4-7 的要求。

表 4-7 卵石中软颗粒含量及压碎指标值

软颗粒含量(以重量百分比计)	压碎指标值/%
≤10	≤16

(3) 粗骨料中杂质含量限值应符合表 4-8 的规定。

表 4-8 粗骨料中杂质含量限值

项次	杂质名称	有抗冻要求		无抗冻要求		
		>C40	≤C40	≥C60	C55～C30	<C30
1	总含泥量(按质量计,%)	≤0.5	≤0.7	≤0.5	≤1.0	≤2.0
2	泥块含量(按质量计,%)	≤0.2		≤0.2	≤0.5	≤0.7
3	水溶性硫酸盐及硫化物含量(按质量计,%)	≤0.5		≤1.0		
4	有机物含量(用比色法)	颜色不应深于标准色;当深于标准色时,应进行混凝土对比实验,相对抗压强度不应低于 95%。				

注:① 粗骨料中不得混入煅烧过的石灰石块、白云石块,骨料颗粒表面不宜附有黏土薄膜;
② 对于惯用的石矿,可不进行表中第 3、4 项检验;
③ 含泥基本是非黏土质的石粉时,对无抗冻性要求的混凝土所用粗骨料的总含泥量可由 1.0%、2.0%分别提高到 1.5%、3.0%。

(4) 粗骨料的最大粒径应符合下列要求:

1) 不大于 80 mm;

2) 不大于构件截面最小尺寸的 1/4;

3) 不大于钢筋最小净距的 3/4。

(5) 平台造礁工程礁体材料中严禁采用碱活性粗骨料。

4.3.1.5 掺合料

对于造礁用混凝土的掺合料,根据实际需要选择粉煤灰、硅质超细粉体材料以及其他掺合料。

(1) 粉煤灰作为造礁用混凝土的掺合料,有利于增加胶结材料的总量,提高耐冲蚀性和耐久性,同时改善人工鱼礁早期的开裂问题[106-107]。粉煤灰的性能、强度等指标应满足以下要求。

1) 掺入粉煤灰质量应不低于Ⅱ级,粉煤灰质量指标见表 4-9。

表 4-9 粉煤灰质量指标的分级 (%)

粉煤灰等级 \ 质量指标	细度(45 μm 方孔筛筛余)	烧失量	需水量比	三氧化硫含量
Ⅰ	≤12	≤5	≤95	≤3
Ⅱ	≤20	≤8	≤105	≤3
Ⅲ	≤45	≤15	≤115	≤3

2) 当混凝土中掺用粉煤灰时,可采用等量取代法、超量取代法和外加法掺用粉煤灰,

其配合比设计应按绝对体积法计算，计算方法按附录 F 的规定执行[108]。

3）当粉煤灰混凝土配合比设计采用超量取代法时，超量系数可按表 4-10 选用；当混凝土超强较大或配制大体积混凝土时，可采用等量取代法；当主要为改善混凝土和易性时，可采用外加法[109]。

表 4-10　粉煤灰的超量系数

粉煤灰等级	超量系数
Ⅰ	1.1～1.4
Ⅱ	1.3～1.7
Ⅲ	1.5～2.0

4）当粉煤灰的含水率大于 1%时，应从粉煤灰混凝土配合比的用水量中扣除。当粉煤灰混凝土中掺入引气剂时，其增加的空气体积应在配合比设计的混凝土体积中扣除。

5）粉煤灰在各种混凝土中取代水泥的最大限量（以重量计）应符合表 4-11 的规定。

表 4-11　粉煤灰取代水泥的最大限量

混凝土种类	粉煤灰取代水泥的最大限量/%		
	硅酸盐水泥	普通硅酸盐水泥	矿渣硅酸盐水泥
预应力钢筋混凝土	25	15	10
钢筋混凝土；高强度混凝土 高抗冻融性混凝土；蒸养混凝土	30	25	20
中、低强度混凝土；泵送混凝土	50	40	30

6）当钢筋混凝土中钢筋保护层厚度小于 50 mm 时，粉煤灰取代水泥的最大限量应比表 4-11 的规定相应减少 5%。

（2）硅质超细粉体材料具有高火山灰活性和高效填充混凝土孔隙的能力。选择硅质超细粉体材料作为掺合料，可以在孔隙中有效地与水泥发生化学反应，生成水化硅酸钙填充孔隙，使人工鱼礁体微观结构密实，增强在海水中的抗渗、耐冲蚀、耐腐蚀性能。当混凝土中掺加硅质超细粉体材料时，要求其质量稳定，并应附有品质检验合格证书，其掺量建议为 2%左右。

4.3.1.6　外加剂

作为造礁用混凝土材料，外加剂的性能、强度等指标应满足以下要求。

（1）根据鱼礁工程设计和施工要求选择外加剂的品种，并通过试验及技术经济比较确定。

（2）严禁使用对人体产生危害、对环境产生污染的外加剂。

（3）对于掺外加剂的混凝土，水泥可为硅酸盐水泥、普通硅酸盐水泥、矿渣硅酸盐水泥、粉煤灰硅酸盐水泥和复合硅酸盐水泥。要求检验外加剂与水泥的适应性，符合要求方可使用[110]。外加剂对水泥的适应性检测方法见附录 G。

（4）当不同品种外加剂复合使用时，应注意其相容性及其对混凝土性能的影响。使用前应进行试验，满足要求方可使用。

(5) 为使硬化后的混凝土粗孔细化，阻隔海水向内部迁移，从而改善混凝土的抗渗透性，提高人工鱼礁耐久性，平台造礁混凝土材料中的外加剂可采用由引气剂与减水剂复合而成的引气减水剂。引气剂及引气减水剂的性能、强度等指标应满足以下条件。

1）掺引气剂及引气减水剂混凝土的含气量，不宜超过表 4-12 规定的含气量。

表 4-12　掺引气剂及引气减水剂混凝土中含气量

粗骨料最大粒径/mm	20	25	40	50
混凝土含气量/%	5.5	5.0	4.5	4.0

2）使用引气剂及引气减水剂时，先将其加入拌和水中，溶液中含水量应从拌和水中扣除；引气剂及引气减水剂配制溶液时，必须充分溶解后方可使用[111]。

3）当引气剂与减水剂、早强剂、缓凝剂、防冻剂复合使用时，如配制溶液产生絮凝或沉淀等现象，应分别配制溶液，并分别加入搅拌机内。

4）施工时应严格控制混凝土的含气量。当材料、配合比或施工条件变化时，应相应增减引气剂或引气减水剂的掺量。

5）当检验掺气剂及引气减水剂混凝土的含气量时，应在搅拌机出料口进行取样，并应考虑混凝土在运输和振捣过程中含气量的损失；对于含气量有设计要求的混凝土，施工中应每间隔一定时间进行现场检验。

6）对于掺引气剂及引气减水剂混凝土，必须采用机械搅拌，搅拌时间及搅拌量应通过试验来确定，而且出料到浇筑的停放时间也不宜过长。当采用插入式振捣时，振捣时间不宜超过 20 s。

(6) 外加剂掺量应满足下列要求。

1）外加剂掺量应以胶凝材料总量的百分比表示，或以 mL/kg 胶凝材料表示。

2）外加剂的掺量应考虑供货单位推荐掺量、使用要求、施工条件、混凝土原材料等因素，通过试验确定外加剂的掺量[112]。

3）在所掺用的外加剂中，氯离子含量占水泥重量百分比不宜大于 0.02%。

4）当礁体混凝土材料使用碱活性骨料时，由外加剂带入的碱含量（以当量氧化钠计）不宜超过 1 kg/m^3 混凝土。

(7) 外加剂的质量控制应满足下列要求[113]。

1）选用的外加剂应有供货单位提供的下列技术文件：产品说明书（并应标明产品主要成分）、出厂检验报告及合格证、掺外加剂混凝土性能检验报告。

2）当外加剂运到工地（或混凝土搅拌站）后，应立即取代表性样品进行检验，进货与工程试配一致时，方可入库、使用。若发现不一致，应立即停止使用。

3）外加剂应按不同供货单位、不同品种、不同牌号分别存放，标识应清楚。

4）应防止粉状外加剂受潮结块。如有结块，经性能检验合格后，粉碎至全部通过 0.63 mm 筛后方可使用；液体外加剂应放置阴凉干燥处，防止日晒、受冻、污染、进水或蒸发，如有沉淀等现象，经性能检验合格后方可使用[114]。

5）外加剂配料控制系统应标识清楚、计量准确，计量误差不应大于外加剂用量的 2%。

4.3.1.7　水

造礁用混凝土拌和用水应满足以下条件[115-116]。

(1) 混凝土拌和采用不含影响水泥正常凝结、硬化或促使钢筋锈蚀的水;未经处理的沼泽水、工业污水和生活污水不得用于拌和与养护。

(2) 钢筋混凝土和预应力混凝土均不得采用海水拌和。但在缺乏淡水的地区,素混凝土允许采用海水拌和。

(3) 地表水、地下水和其他类型水首次用于拌和与养护混凝土时,须按现行的有关标准,经检验合格后方可使用。检验项目和标准应符合以下要求。

1) 待检验水与标准饮用水试验所得的水泥初凝时间差及终凝时间差均不得大于30 min。

2) 对于待检验水配制水泥砂浆,其28 d抗压强度不得低于用标准饮用水拌和的砂浆抗压强度的90%。

3) 拌和与养护混凝土用水的pH值和水中的不溶物、可溶物、氯化物、硫酸盐的含量应符合表4-13的规定。

表4-13　拌和与养护混凝土用水指标要求

项目	钢筋混凝土	素混凝土
pH值	>5.0	>4.5
不溶物mg/L	<2 000	<5 000
可溶物mg/L	<2 000	<5 000
氯化物(以Cl^-计,mg/L)	<200	<2 000
硫酸盐(以SO_4^{2-}计,mg/L)	<600	<2 200

4.3.1.8　钢筋

根据平台造礁海区具体情况选用钢筋混凝土结构及钢筋,按下列规定选用[117]。

(1) 普通钢筋宜采用HRB335和HRB400钢筋,也可采用HPB235和HPB300钢筋、RRB400和HRB500钢筋;预应力钢筋宜采用钢绞线、钢丝,也可采用螺纹钢筋和钢棒。

(2) 钢筋的强度标准值应具有不小于95%的保证率。其中:普通钢筋和预应力钢筋的强度标准值和设计值可参加附录H。

(3) 钢筋的弹性模量Es应按表4-14选用。

表4-14　钢筋弹性模量Es

钢筋种类	E_s(N/mm²)
HPB 235钢筋、HPB300钢筋	2.1×10^5
HRB 335、HRB 400、RRB 400、HRB 500级钢筋,预应力螺纹钢筋,中强度预应力钢丝	2.0×10^5
消除应力钢丝	2.05×10^5
钢绞线	1.95×10^5

注:必要时钢绞线可采用实测的弹性模量。

4.3.1.9 配合比设计

混凝土配合比应根据原材料性能及鱼礁设计方案对混凝土的技术要求进行计算，并经试验试配调整后确定。混凝土配合比设计可考虑下列指标。

(1) 混凝土配制强度：为满足鱼礁设计强度、耐久性、施工可行性及经济性要求，应进行混凝土配合比设计，配合比选择应进行综合分析比较，合理地降低水泥用量。混凝土施工配制强度应按式(4-7)计算：

$$f_{cu,o} = f_{cu,k} + 1.645\sigma \tag{4-7}$$

式中：$f_{cu,o}$——混凝土施工配制强度(MPa)；

$f_{cu,k}$——设计要求的混凝土立方体抗压强度标准值(MPa)；

σ——工地实际统计的混凝土立方体抗压强度标准差(MPa)。

混凝土施工配制强度计算式中 σ 的选取应符合下列规定。

1) 当施工单位有近期混凝土强度统计资料时，可按式(4-8)计算：

$$\sigma = \sqrt{\frac{\sum_{i=1}^{N} f_{cu,i}^2 - N\mu_{fcu}^2}{N-1}} \tag{4-8}$$

式中：$f_{cu,i}$——第 i 组混凝土立方体抗压强度(MPa)；

μ_{fcu}——N 组混凝土立方体抗压强度的平均值(MPa)；

N——统计批内的试件组数，$N \geqslant 25$。

2) 当混凝土强度等级为 C20 或 C25，强度标准差小于 2.5 MPa 时，计算配制强度用的混凝土立方体抗压强度标准差应为 2.5 MPa；当混凝土强度等级大于或等于 C30，计算的强度标准差小于 3.0 MPa 时，计算配制强度用的混凝土立方体抗压强度标准差应为 3.0 MPa。

3) 当施工单位没有近期混凝土强度统计资料时，宜按表 4-15 混凝土强度标准差的平均水平 σ_0，并结合本单位的生产管理水平，酌情选取 σ 值。开工后，则应尽快分析统计资料，并对 σ 值进行修正。

表 4-15 混凝土强度标准差的平均水平

强度等级	C20～C40	>C40
混凝土强度标准差 σ_0/MPa	4.5	5.5

4) 对于零星浇筑的混凝土鱼礁构件，在进行配合比设计时，施工配制强度计算式(4-7)中的 σ 取值不得小于 σ_0。

(2) 混凝土配合比设计：混凝土配合比设计应采用试验—计算法，并应按下述顺序进行。

1) 水胶比：水胶比的选择应同时满足混凝土强度和耐久性要求。

① 采用施工中选择的材料，拌制数种不同水胶比的混凝土拌合物，根据 28 天龄期立方体混凝土试件的极限抗压强度绘制强度与水胶比的关系曲线，从曲线上查出与混凝土施工配制强度对应的水胶比；

② 按耐久性要求规定，水胶比最大允许值见表 4-16。

③ 按强度要求得出的水胶比，应与按耐久性要求规定的水胶比相比较，取其较小值作为配合比的设计依据。

表 4-16　海水环境混凝土按耐久性要求的水胶比最大允许值

环境条件		钢筋混凝土、预应力混凝土		素混凝土	
		北方	南方	北方	南方
无水头作用		0.55	0.55	0.65	0.65
受水头作用	最大作用水头与混凝土壁厚之比<5 时	0.55			
	最大作用水头与混凝土壁厚之比为 5～10 时	0.50			
	最大作用水头与混凝土壁厚之比>10 时	0.45			

2）用水量：根据所用的砂石情况和确定的坍落度值，按各海区经验或按表 4-17 选择用水量。

表 4-17　用水量选用值　(kg/m^3)

坍落度/mm	碎石最大粒径/mm			
	20	40	63	80
10～30	185	170	160	150
30～50	195	180	170	160
50～70	210	195	185	175

注：① 采用卵石时，用水量可减少 10～15 kg/m^3。
② 采用粗砂时，用水量可减少 10 kg/m^3；采用细砂时，用水量可增加 10 kg/m^3。
③ 掺外加剂后的用水量按外加剂的减水率进行计算调整。

3）最佳砂率：按选定的水胶比和用水量，计算近似的水泥用量。在保持水泥用量和其他条件相同的情况下，拌制混凝土拌合物，并测定其坍落度。坍落度最大的一种拌和所用的砂率，即为最佳砂率。砂率选用值可参见表 4-18。

表 4-18　砂率选用值　(%)

碎石最大粒径/mm	近似水泥用量(kg/m^3)							
	200	225	250	275	300	350	400	450
20	38～44	37～43	36～42	35～41	34～40	32～38	30～36	28～34
40	36～42	35～41	34～40	33～39	32～38	30～36	28～34	26～32
63	33～39	32～38	31～37	30～36	29～35	27～33	26～32	25～31
80	32～38	31～37	30～36	29～35	28～34	26～32	25～31	24～30

注：① 采用卵石时，砂率可减少 2%～4%。
② 采用引气剂时，空气含量每增加 1%，砂率可减少 0.5%～1.0%。
③ 采用空细沙时，砂率可减少 3%；采用粗砂时，砂率可增加 3%。

4）水泥用量：按选定的水胶比和最佳砂率，在不掺减水剂的情况下拌制数种不同水泥用量的混凝土拌合物,测定其坍落度,并绘制坍落度与水泥用量的关系曲线,从曲线上查出与施工要求坍落度对应的水泥用量;同时水泥不得低于表 4-19 中所规定。

表 4-19 海水环境混凝土按耐久性要求的最低水泥用量 (kg/m^3)

钢筋混凝土、预应力混凝土		素混凝土	
北方	南方	北方	南方
320	320	280	280

注:① 掺加掺合料时,水泥用量可适当减少,但应符合本书 5.3.1.2 中的规定;

② 对南方地区,掺外加剂时,水泥用量可适当减少,但不得降低混凝土的密实性。

5) 砂石用量:对于每立方米混凝土中砂石用量的计算,宜采用绝对体积法:

$$
\begin{aligned}
V &= 1\,000(1-0.01A)-\frac{W_w}{\rho_w}-\frac{W_c}{\rho_c} \\
W_{fa} &= V\gamma\rho_{fa} \\
W_{ca} &= V(1-\gamma)\rho_{ca}
\end{aligned}
\tag{4-9}
$$

式中:A——混凝土拌合物中的空气含量,以混凝土体积的百分数表示,对于普通混凝土取 $A=0$;

W_c——每立方米混凝土中的水泥用量(kg);

ρ_c——水泥密度(kg/L);

W_{fa}——每立方米混凝土中砂的质量(kg);

ρ_{fa}——砂表观密度(kg/L);

W_{ca}——每立方米混凝土中的石的质量(kg);

ρ_{ca}——石表观密度(kg/L);

W_w——每立方米混凝土的用水量(kg);

ρ_w——水密度(kg/L);

γ——砂率(按体积计);

V——每立方米混凝土中砂石料的绝对体积(L)。

6) 配合比:按以上确定的配合比和施工要求的坍落度,经试拌校正后,得出合理的配合比。当采用皮带机运输时,应考虑有 2%~3%的砂浆损失。

7) 配合比设计:根据指定的要求,对混凝土强度和抗渗性等进行试验校核。按确定的配合比制作试件。

4.3.2 其他礁体材料

4.3.2.1 钢结构

在满足环境保护与耐久性要求并获得有关管理部门申报许可的条件下,废弃的海上退役平台附属的钢质设备与设施(钢板、管件、箱式容器等)均可选择用作鱼礁材料。选择钢构件作为鱼礁材料时应遵循下列要求。

(1) 废弃设备中不含《国家危险废物名录》(附录 I)中规定的危险废物。

(2) 在投放前,必须按照法律、法规及行业标准的规定,对废弃的钢质设备或设施内部与表面的油污进行彻底清洗,并通过环保检验[118-119]。

(3) 由于人工鱼礁的设计使用寿命为 30 年，需要考虑钢材在海洋环境中的腐蚀量，其腐蚀速度可根据表 4-20 进行计算。

表 4-20 钢材的腐蚀速度(单面)

腐蚀环境	腐蚀速度(mm/y)
在高水位线以上	0.30
在高水位线与海底之间	0.10
在海底泥层中	0.03

(4) 退役平台的钢构件可直接投放，也可以设计、切割、焊接成不同的鱼礁单体。

(5) 在进行钢构件鱼礁单体设计时，要考虑平台所在海区的水动力、底质条件和生物适应性等因素，选择制作方便、插接简单、结构稳定、便于吊装和投放的结构型式。

4.3.2.2 废旧混凝土构造物

废旧混凝土电杆、水泥板等也适于用做鱼礁单体，但要求清洗干净。

4.3.2.3 报废船只

对于 10 m 以上的报废渔船以及拖带的钢质结构、水泥结构的船只，均适宜作为人工鱼礁礁体[120]。将报废船只用作鱼礁投放时，需要经过油污清理、修补等处理，具体步骤如下。

(1) 首先，拆除主、副桅杆和航行设施、通信设备、动力传动装置及其影响礁体的一切多余物件(生活用品、渔具等)，保留驾驶台(指挥舱、室)。

(2) 将机(油)舱内剩余的油抽干，并按照有关规定和方法，彻底清洗机(油)舱的油污、油垢。

(3) 对拖带过程中可能渗水、漏水的部位，根据报废船只的质量状况进行修补、加固。

(4) 根据船体的长度和大小，可在甲板上设计出便于安装、增加空方体积的铁框或钢筋混凝土框架。

4.4 鱼礁单体设计

4.4.1 礁体的体积

礁体体积的设计需要综合考虑投礁海域的水文、地质、生态环境以及平台周边海域的管道、通航情况、可调配资金等因素。鱼礁单体的体积由鱼礁的高度、宽度等因素决定，设计鱼礁高度和宽度时应注意以下方面。

(1) 鱼礁的高度：设计鱼礁高度时，需要综合考虑水深、流速、底质及海区生物资源状况。例如，在 20～30 m 水深海域投礁，礁体高度宜为水深的 1/10～1/5；如果水深小于 20 m，或不考虑海上通航因素，礁体高度可适当增加，鱼礁高度在退潮时海面以下 3～5 m，以利于诱集不同水深的生物[121]。

(2) 鱼礁的宽度：在一般情况下，当雷诺数 $Re>10^4$ 时，流体由层流向紊流过渡。因此，当海水流速已知时，即可由雷诺数 Re 来确定鱼礁单体或单位鱼礁能够产生诱鱼效果的最小宽度[122]。由流体力学已知：

$$R_e = \frac{B \cdot u}{v} \tag{4-10}$$

式中：u——海水流速(m/s)；

v——海水运动黏滞系数(m^2/s)；

B——鱼礁宽度(m)。

4.4.2 礁型的选择

礁体类型的选择需要综合考虑投礁海域的生物资源、水动力、基底承载力以及环保、经济等因素。常用的鱼礁单体有箱形、框架形、三角形、梯形、管状、异体形等形状；不同形状鱼礁的适用环境和功能都会有所不同。以下列出几种常见礁型的鱼礁的结构设计图以及相关参数[123]，分别如图 4-3 至图 4-8 以及表 4-21 至表 4-26 所示。

(1) 箱形鱼礁

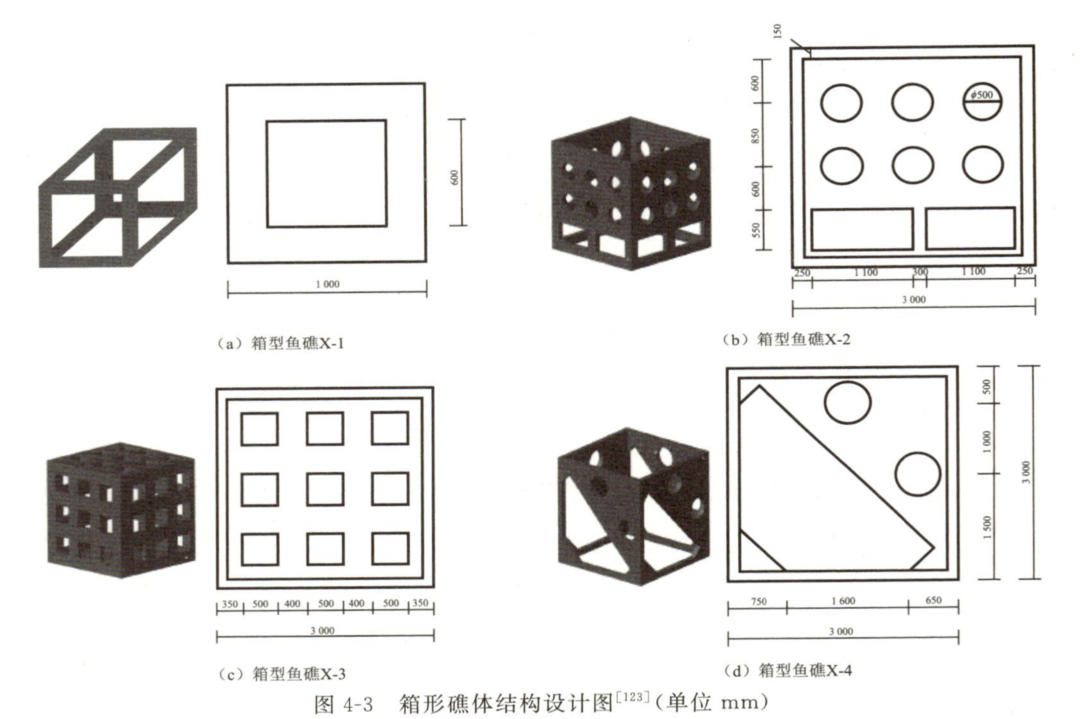

图 4-3 箱形礁体结构设计图[123]（单位 mm）

表 4-21 箱形礁体参数(壁厚 150 mm，混凝土密度 2 500 kg/m³)[123]

型号	表面积/m²	空方体积/m³	混凝土体积/m³	重量/t
X-1	6.960	1.000	0.272	0.680
X-2	62.332	27.000	3.698	9.244
X-3	86.940	27.000	5.292	13.230
X-4	47.563	27.000	2.787	6.968

（2）框架形鱼礁

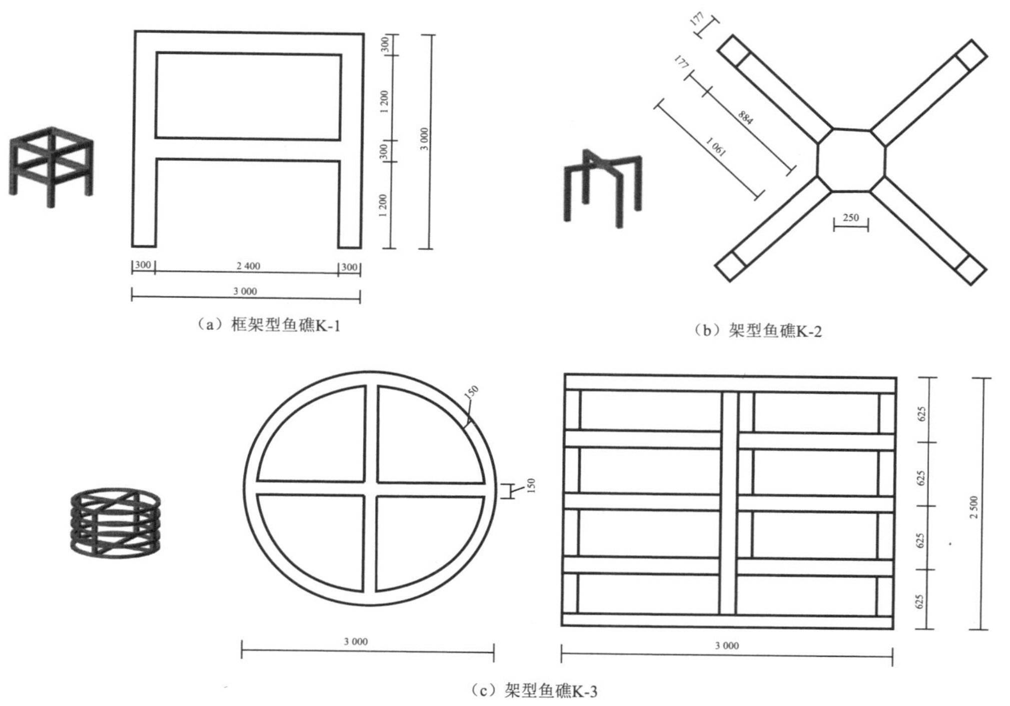

（a）框架型鱼礁K-1

（b）架型鱼礁K-2

（c）架型鱼礁K-3

图 4-4　框架形鱼礁的结构设计图[123]（单位 mm）

表 4-22　框架形礁体参数（壁厚 150 mm，混凝土密度 2 500 kg/m³）[123]

型号	表面积/m²	空方体积/m³	混凝土体积/m³	重量/t
K-1	36.720	27.000	2.808	7.020
K-2	8.794	8.000	0.400	1.000
K-3	30.726	17.660	1.162	2.905

（3）三角形鱼礁

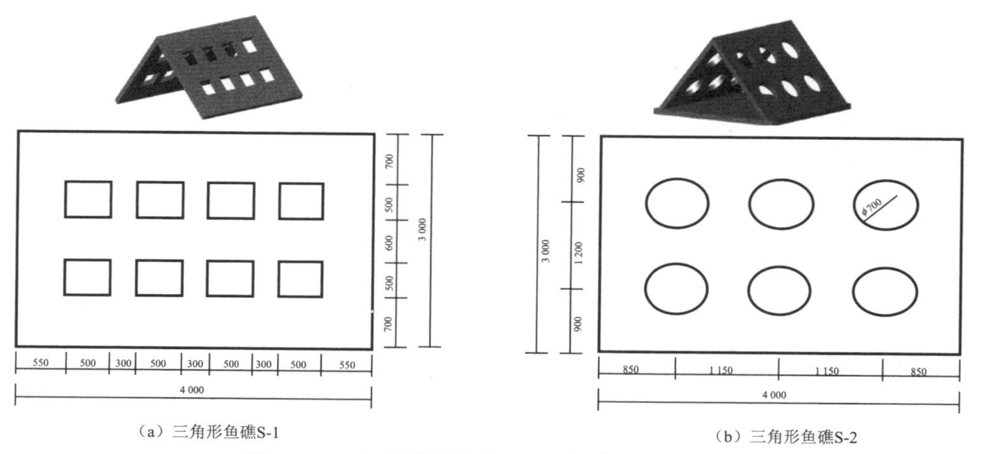

（a）三角形鱼礁S-1

（b）三角形鱼礁S-2

图 4-5　三角形礁体结构设计图[123]（单位 mm）

表 4-23　三角形礁体参数(壁厚 150 mm,混凝土密度 2 500 kg/m³)[123]

型号	表面积/m²	空方体积/m³	混凝土体积/m³	重量/t
S-1	45.678	18.000	2.910	7.275
S-2	89.316	21.456	6.184	15.459

(4) 管形鱼礁

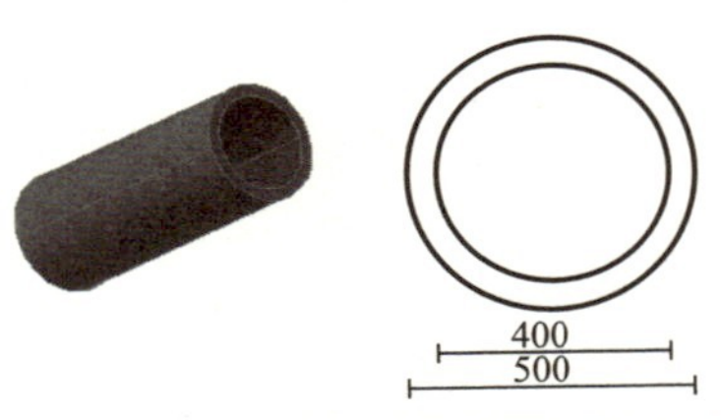

图 4-6　管形鱼礁 G-1 结构设计图[123](单位 mm)

表 4-24　管状礁体参数(混凝土密度 2 500 kg/m³)[123]

型号	表面积/m²	空方体积/m³	混凝土体积/m³	重量/t
G-1	2.897	0.196	0.071	0.177

(5) 梯形鱼礁

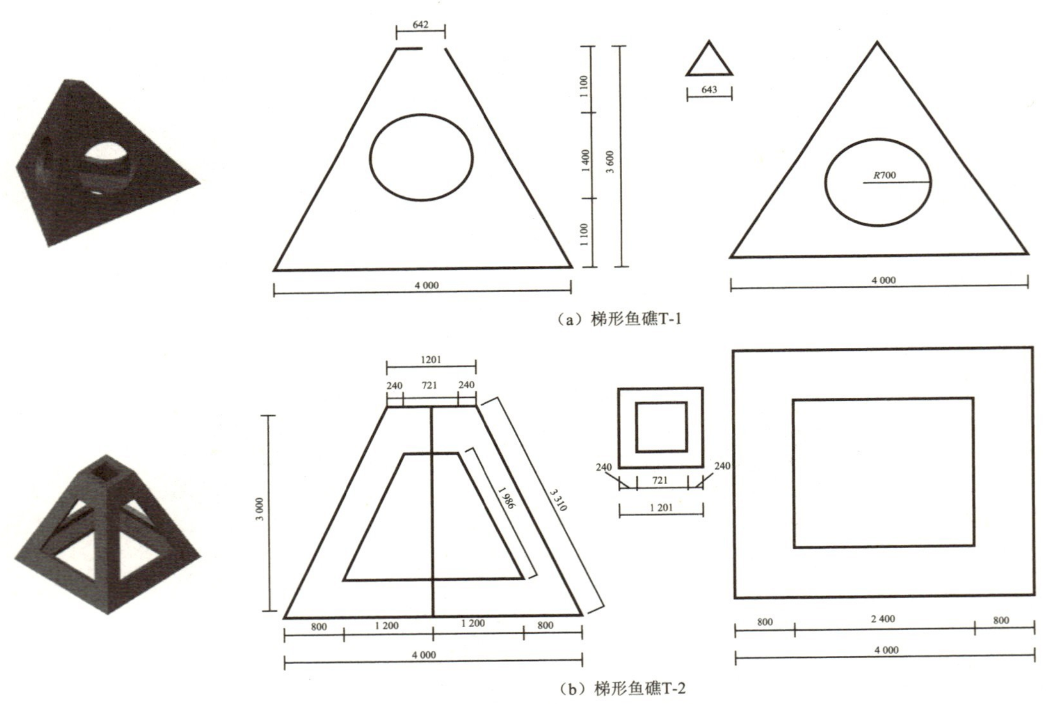

图 4-7　梯形礁体结构设计图[123](单位 mm)

表 4-25　梯形礁体参数(壁厚 150 mm,混凝土密度 2 500 kg/m³)[123]

型号	表面积/m²	空方体积/m³	混凝土体积/m³	重量/t
T-1	47.690	9.865	2.155	5.387
T-2	59.463	22.253	4.286	10.715

(6) 异体形鱼礁

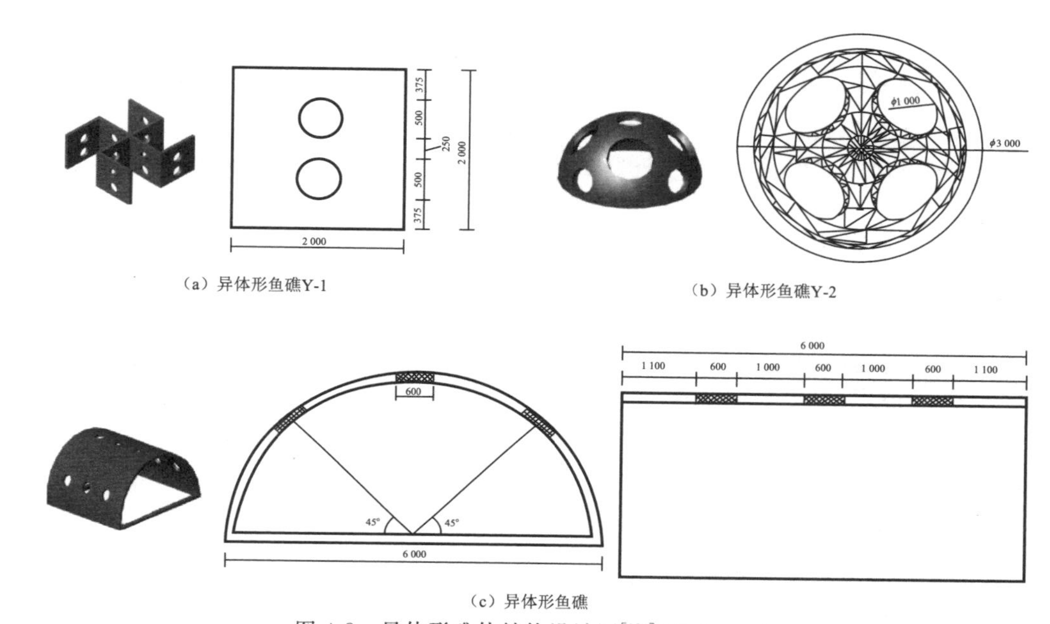

(a) 异体形鱼礁Y-1

(b) 异体形鱼礁Y-2

(c) 异体形鱼礁

图 4-8　异体形礁体结构设计图[123](单位 mm)

表 4-26　异体形礁体参数(壁厚 150 mm,混凝土密度 2 500 kg/m³)[123]

型号	表面积/m²	空方体积/m³	混凝土体积/m³	重量/t
Y-1	88.868	32.000	3.575	8.938
Y-2	21.109	7.065	1.232	3.079
Y-3	180.626	84.780	7.885	19.711

4.4.3　选型与图纸绘制

经过水动力、强度和稳定性等试验后,如果该模型符合造礁方案的要求,可以确定该设计方案,并绘制加工图纸。图纸应包括鱼礁结构图、配筋型号与编排形式、拉结筋型号与编排花扎丝型式,并需要注明混凝土强度要求。

4.5　鱼礁加工

4.5.1　一般原则

鱼礁加工的一般原则包括以下内容。

(1) 人工鱼礁的加工应按图纸要求,保证工程质量,并注重施工安全与环境保护。

(2) 对于单建型混凝土或钢结构鱼礁,须参照国家现行的水工或港口工程施工规范、规程进行加工。

(3) 人工鱼礁施工单位应积极采用新技术、新方法,提高施工效率,保证产品质量。

(4) 混凝土鱼礁单体的加工按照模板工程、钢筋工程、混凝土工程以及质量检验的程序进行。

4.5.2 混凝土鱼礁单体加工

4.5.2.1 模板工程

(1) 模板与支架设计的原则如下。

1) 根据鱼礁结构形式、荷载大小、施工设备、材料供应和施工工艺等条件,进行模板、支架的设计,保证模板具有足够的承载能力、刚度和稳定性。

2) 模板应构造简单、装拆方便,与混凝土施工工艺相适应,便于钢筋绑扎、安装和混凝土浇筑。

3) 模板和支架的设计应按规定进行荷载组合,包括模板与支架自重、新浇混凝土自重、钢筋自重、施工设备荷载、振捣混凝土时产生的荷载、新浇筑混凝土对模板侧面的压力、倾倒混凝土时产生的荷载。模板荷载的计算方法参见附录J。

4) 模板材料宜选用钢材、木材、胶合板、塑料等;模板支架的材料宜选用钢材、木材等。

① 钢材的材质应符合现行国家标准《普通碳素结构钢技术条件 GB700》的规定;

② 木材的树种可根据各地的实际情况选用,但其材质不宜低于三等材。

(2) 模板安装应遵循以下原则。

1) 模板和支架的支承部分应坚实可靠,并应符合下列规定。

① 当竖向模板和支架安装在基土上时,应加垫板,基土必须坚实,且有排水措施。

② 当用下层预埋螺栓作为上层支模的支承时,其螺栓的承载能力必须符合设计要求。

③ 当采用夹桩木作为模板支承时,应对夹桩木进行设计,应对安装好的夹桩木标高、稳固情况进行检查,防止在浇筑混凝土过程中产生松动。

2) 模板的接缝不得漏浆。

(3) 在大型鱼礁模板、支架安装过程中,必须采取防倾覆的临时固定措施。

(4) 模板的拉杆宜用螺栓。当螺栓拉杆需要抽出时,应加套管;当螺栓拉杆不需抽出时,宜采用端部可以拆卸的圆台螺母或套管螺母。

(5) 模板与混凝土的接触面应涂刷脱膜剂,但脱膜剂不得污染礁体,也不能沾污钢筋和混凝土接茬处。

(6) 固定在模板上的预埋和预留礁体孔洞不得遗漏,应安装牢固、位置准确,其允许偏差应符合表4-27的规定。

表4-27 预埋件和预留孔洞的允许偏差

序号	项目		允许偏差/mm
1	模板接缝表面错牙		3
2	外壁平面尺寸(长度、宽度或高度)		3
3	预埋螺栓	中心线位置	2
		外露长度	+10,-0

续表

序号	项目		允许偏差/mm
4	预留孔	中心线位置	10
		截面内部尺寸	+10,−0

(7)模板安装的允许偏差应符合表4-28的规定。

表4-28　模板安装允许偏差

序号	项目	允许偏差/mm
1	模板接缝表面错牙	2
2	外壁平面尺寸(长度、宽度或高度)	±15
3	内、外壁板厚度	+5~0
4	侧向弯曲	L/750且≤10
5	竖向倾斜	H/750且≤10
6	内部联系梁、板位置	10
7	联系梁断面尺寸、联系板厚度	+5~0
8	外壁孔洞位置	15
9	预埋件吊点位置	15

注:L为实测时构件外壁长度、宽度或高度;H为构件竖向高度。

4.5.2.2　钢筋工程

(1)钢筋检验。

1)钢筋应有出厂证明书或检验报告单,每捆(盘)钢筋均应有标牌;进场时应按炉(批)号及直径分批验收,验收内容包括查明标牌、外观检查,并在使用之前进行力学、工艺性能检验。

2)在钢筋运输和贮存时,必须保留牌号,并按炉(批)直径规格堆放整齐,避免锈蚀和污染。

3)钢筋的级别、种类和直径应按设计要求并参考4.5.2.2的内容,采用符合要求的钢筋。当需要替换时,应征得鱼礁设计单位同意,并应符合下列规定。

① 不同种类的钢筋替换,应按钢筋受拉承载力设计值相等的原则进行。

② 当构件受抗裂、裂缝宽度或挠度控制时,钢筋替换后应进行抗裂、裂缝宽度或挠度验算。

③ 应满足鱼礁设计规定的钢筋间距、锚固长度、最小钢筋直径、根数等要求。

4)按现行国家标准《金属拉伸试验方法GB228》《金属弯曲试验方法GB232》《钢筋平面反向弯曲试验方法GB5029》,进行钢筋的力学、工艺性能检验。

(2)钢筋装设。

1)钢筋应平直、无局部曲折,表面应洁净、无损伤或油渍。漆污和铁锈等应在使用前清除干净。带有颗粒状或片状锈的钢筋不得使用。

2)应设置垫块,保证钢筋的保护层符合设计要求。当采用水泥砂浆垫块或混凝土垫块时，垫块的强度与密实性不应低于构件本体混凝土。

3）当混凝土礁体按构造进行配筋时，全截面纵向钢筋最小配筋率可按0.2%控制，纵向钢筋最大间距为300 mm。

4）绑扎及装设钢筋骨架应符合下列要求。

① 钢筋骨架应有足够的稳定性，保证受力钢筋不产生位置偏移，而且钢筋的交叉点宜用铁丝扎牢。

② 箍筋弯钩的搭接点沿轴线交错布置。

③ 在绑扎骨架过程中，在绑扎接头长度范围内，当搭接钢筋受拉时，其箍筋间距不应大于钢筋直径的5倍，且不应大于100 mm；当搭接钢筋受压时，其箍筋间距不应大于钢筋直径的10倍，且不应大于200 mm。

④ 绑扎钢筋铁丝头不得伸入混凝土保护层内，而缺扣、松扣的数量不应超过绑扎数的10%，且不应集中。

5）钢筋的类别、根数、直径和间距均应按设计规定配置，其位置偏差应符合表4-29的规定。

表4-29　钢筋装设的位置允许偏差

序号	项目		允许偏差/mm
1	钢筋骨架外轮廓尺寸	长度	+5
			−10
		宽度、高度	+5
			−10
2	受力钢筋	层(排)距	±10
		间距	±15
3	弯起钢筋弯起点位置		±20
4	箍筋、构造筋间距		±20

4.5.2.3　混凝土工程

（1）混凝土拌制。

1）混凝土的拌制宜由专设的混凝土搅拌站（点）集中搅拌。搅拌混凝土时，应按配料单进行配料，不得任意更改。

2）混凝土的组成材料必须称量，而且称量使用的各种衡器应定期校验，保证计量准确。

3）混凝土应采用搅拌机搅拌均匀。自全部材料（包括水）装入搅拌机起，至开始卸料时止，其连续搅拌的最短时间要符合搅拌设备出厂说明书的规定，并经试验确定。当缺乏试验资料时，可参考表4-30。

表 4-30　混凝土在搅拌机中连续搅拌的最短时间

(s)

混凝土坍落度/mm	搅拌机机型	搅拌机出料量/L		
		500	750～1 000	>1 000
≤40	强制式	90	120	150
>40 且<100	强制式	60	90	120
≥100	强制式	60	90	

注：掺加外加剂与掺合料时，其搅拌时间应适当延长。

(2) 混凝土运输。

1) 运输中所经道路应平顺，运输能力应与搅拌及浇筑能力相适应，并应尽量缩短运输时间和减少倒运次数。

2) 运输工具宜采用搅拌车，在运距较近时可使用自卸汽车或小斗车。

3) 运输工具在使用前应用水润湿，但不得留有积水；混凝土在运输过程中应避免发生离析、漏浆、泌水和坍落度损失等现象；如有离析现象，运至浇筑地点后应进行二次拌制；在进行第二次拌制时，不得任意加水；必要时可同时加水和水泥，保持其水胶比不变。

4) 采用吊罐运输混凝土时，吊罐应便于卸料，活门应开启方便、关闭严密，不得漏浆。吊罐的装料量宜为其容积的 90%～95%。

5) 采用自卸汽车运输混凝土时，车厢内壁应光洁、平整、不吸水、不漏浆，而且装运混凝土的厚度不宜小于 300 mm。

6) 采用皮带机运输混凝土时，应符合下列要求。

① 皮带机的倾角应经试验确定，当缺乏试验资料时可按表 4-31 的规定采用。

表 4-31　皮带机的最大允许倾角

混凝土坍落度/mm	最大允许倾角/(°)	
	向上提升时	向下降落时
<40	18	12
40～80	15	10

② 皮带机末端的下方应设置刮浆板，配合比设计时应考虑 2%～3%的砂浆损失。

③ 皮带机的最大运转速度不应超过 1.2 m/s。

④ 在混凝土进入皮带机时，应设置漏斗或供料器，在转运或卸料处应设置挡板或漏斗，避免混凝土发生离析。

⑤ 皮带机运输的水平距离不宜大于 40 m。

7) 采用管道运送混凝土时，应按泵送设备说明书的有关规定进行。

(3) 混凝土浇筑。

1) 在浇筑混凝土前，应检查模板、支架、钢筋和预埋件位置的正确性，并应掌握水文气象预报。

2) 在浇筑混凝土前，应将模板内的木屑、泥水和钢筋预埋件上的灰浆、油污清除干净。

3) 礁体结构应一次性连续浇筑完成。否则，须征得设计和监理工程师同意，并有完备的施工缝处理措施。

4）礁体预制的尺寸偏差应符合表 4-32 的规定。

表 4-32　礁体预制尺寸允许偏差

序号	项目	允许偏差/mm
1	外型尺寸(长、宽、高)	－10,＋15
2	外壁板厚度	＋10,－5
3	侧面平整度	10
4	竖向倾斜	H/500 且≤15
5	内部联系梁、板位置	15≤10
6	联系梁断面尺寸、联系板厚度	＋10,－5
7	外壁孔洞位置	20
8	预埋件吊点位置	20

5）在浇筑混凝土时，应经常检查模板和支架的坚固性与稳定性，不得随意拆除。

6）在浇筑空心鱼礁构件混凝土时，下灰、振捣应均匀对称地进行。当采用胶囊作空心内模时，应加强二次抹面，消除混凝土表面气孔。

7）在木模中浇筑混凝土时，应防止碰撞侧壁，避免振捣触及底模，以保证构件的整洁和外形尺寸的准确性。

8）当构件浇筑完毕后，应标示每批构件的型号、制作日期等。对于有鱼礁投放顺序要求的构件，应加标志，所有标志应按构件类型统一放在同一位置上。

（4）混凝土养护。

1）混凝土浇筑完毕后应及时加以覆盖，结硬后保湿养护。养护方法应根据构件外形选定，宜采用盖草袋洒水、砂围堰蓄水、塑料管扎眼喷水，也可采用涂养护剂、覆盖塑料薄膜等方法。当日平均气温低于 5℃时，不宜洒水养护。

2）混凝土潮湿养护的时间不应少于表 4-33 的规定。

表 4-33　混凝土潮湿养护时间　(d)

水泥品种	混凝土潮湿养护时间
硅酸盐水泥、普通硅酸盐水泥	≥10
矿渣硅酸盐水泥、粉煤灰硅酸盐水泥	≥14

3）混凝土强度未达到 2.5 MPa 以前，人员不得移动、搬运已浇筑的鱼礁构件。混凝土强度达到 2.5 MPa 所需的时间应经试验确定。当缺乏试验资料时，可参考表 4-34 规定的时间。

表 4-34　混凝土强度达到 2.5 MPa 所需的时间

(h)

水泥品种	水泥强度等级	混凝土强度等级	混凝土平均硬化温度/℃					
			5	10	15	20	25	30
普通硅酸盐水泥	≥42.5	<C30	40～44	25～28	20～23	18～20	15～17	14～15
		≥C30	37～40	21～24	18～20	14～16	12～14	11～12
矿渣硅酸盐水泥、火山灰质硅酸盐水泥、粉煤灰硅酸盐水泥	32.5	<C30	78～82	56～60	45～48	33～36	22～24	18～20
	42.5	≥C30	60～64	44～48	35～38	28～30	20～22	16～18

4.5.2.4　质量检验

(1) 鱼礁外观质量及尺寸偏差。

当混凝土鱼礁构件拆模后，应对其外观质量及外形尺寸进行检查，检查应做详细记录。

1) 块体重量允许偏差为±5%。

2) 圆形、筒形鱼礁混凝土构件允许偏差、检验数量和方法应符合表 4-35 的规定。

表 4-35　圆形、筒形鱼礁混凝土构件允许偏差、检验数量和方法

序号	项目	允许偏差/mm	检验单元和数量	单元测点	检验方法
1	直径	±10	抽查 10%，且不少于 3 件	8	用钢尺按“米字形”量
2	高度	±10		8	
3	外壁厚度	±10		8	

3) 空心正方体形鱼礁混凝土构件允许偏差、检验数量和方法应符合表 4-36 的规定。

表 4-36　空心正方体形混凝土构件允许偏差、检验数量和方法

序号	项目	允许偏差/mm	检验单元和数量	单元测点	检验方法
1	长、宽度	±10	抽查 10%，且不少于 3 件	8	用钢尺量
2	高度	±10		4	
3	顶面两对角线差	30		1	
4	壁厚	20		8	用钢尺量每边三分点处
5	孔心位置	20		2	用钢尺量纵横两方向

(2) 钢筋要求与允许偏差。

1) 钢筋制作允许偏差、检验数量和方法应符合表 4-37 的规定。

表 4-37 钢筋制作允许偏差、检验数量和方法

序号	项目		允许偏差/mm	检验单元和数量	单元测点	检验方法
1	长度		+5 −15	每根钢筋或每片网片（按类别各抽查 10%，且不少于 10 片或 10 根）	1	用钢尺量
2	弯起钢筋弯折点位置		±20		1	
3	箍筋边长		±4		2	
4	点焊钢筋网片尺寸	长、宽	±10		2	
		网眼尺寸	±10		2	
		对角线差	15		1	
		翘曲	10		1	

2）钢筋绑扎与装设偏差

① 钢筋的品种、规格及质量和钢筋的根数必须符合设计要求和规范规定。

② 钢筋焊接接头的允许偏差、检验数量和方法应符合表 4-38 的规定。

表 4-38 钢筋焊接接头允许偏差、检验数量和方法

序号	项目	允许偏差/mm				检验单元和数量	单元测点	检验方法
		对焊	电弧焊	电渣压力焊	气压焊			
1	接头处钢筋轴线偏移	0.1 d 且 ≯2 mm	0.1 d 且 ≯3 mm	0.1 d 且 ≯2 mm	0.15 d 且 ≯4 mm	每根钢筋或每片网片（按类别各抽查 5%，且不少于 10 个接头）	1	用刻槽直尺量
2	接头处弯折	4°	4°	4°	4°		1	
3	帮条沿接头中心线偏移	—	0.5 d	—	—		1	用钢尺量
4	焊缝长度	—	−0.5 d	—	—		2	
5	焊缝厚度	—	−0.05 d	—	—		2	用焊缝量规量
6	焊缝宽度	—	−0.1 d	—	—		2	
7	镦粗直径	—	—	—	≮1.4 d		1	用卡尺量

③ 钢筋保护层应符合设计要求，偏差不得大于+10 mm、−5 mm。检验方法为观察和尺量检查。

④ 钢筋骨架应绑扎或焊接牢固，绑扎铅丝头应向里按倒，不得伸向钢筋保护层。观察法检查。

⑤ 预制构件吊环的材质、规格和位置应符合设计要求和规范规定。检验方法为观察和尺量检查。

⑥ 钢筋骨架绑扎与装设的允许偏差、检验数量和方法应符合表 4-39 的规定。

表 4-39　钢筋骨架绑扎与装设允许偏差、检验数量和方法

序号	项目		允许偏差/mm	检验单元和数量	单元测点	检验方法
1	钢筋骨架外轮廓尺寸	长度	+5 −10	抽查10% 且 不少于3件	2	用钢尺量骨架主筋长度
		宽度、高度	+5 −10		3	用钢尺量两端和中部
2	受力钢筋	层距或排距	±10		3	用钢尺量两端和 中部三个断面，取大值
3		间距	±15		3	
4	弯起钢筋弯起点位置		±20		2	用钢尺量
5	箍筋、分布筋间距		±20		3	用钢尺量两端和 中部连续三档，取大值

注：① 预制构件外伸环形钢筋的间距或倾斜允许误差为±20；
② 必要时，应采用钢筋位置测定仪进行检查。

3）混凝土强度检验。

① 对于评定混凝土强度、抗渗性以及抗冻性的鱼礁试件，应在20±3 ℃水中养护至标准龄期(28 d)。

② 试件强度试验的方法应按现行行业标准《港口工程混凝土试验 JTJ225》的有关规定进行。

③ 当采用非标准尺寸试件时，应将其抗压强度乘以折算系数，换算成标准尺寸试件的抗压强度值。试件最小边长及其相应的强度折算系数按表 4-40 选取。

表 4-40　允许的试件最小边长及其强度折算系数

骨料最大粒径/mm	试件最小边长/mm	强度折算系数
≤31.5	100	0.95
≤40.0	150	1.00
≤50.0	200	1.05

④ 用于检查鱼礁混凝土质量的试件，应在混凝土的浇筑地点，随机取样制作。试件留置组数，应根据工程量的大小和结构的重要性程度综合考虑。

⑤ 留置的每组试件由三个立方体试块组成。制作时试样应取自同一罐混凝土。以三个试件强度的平均值作为该组试件混凝土强度的代表值。

a. 当三个试件强度中的最大值或最小值之一，与中间值之差超过中间值的15%时，取中间值；

b. 当三个试件强度中的最大值和最小值，与中间值之差均超过中间值的15%时，该组试件不应作为强度评定的依据。

⑥ 混凝土强度统计数据

a. 当验收批内混凝土试件组数 $n \geq 5$ 时，混凝土强度的统计数据能同时满足下列两式，可判该验收批混凝土强度合格：

$$m_{fcu} - S_{fcu} \geq f_{cu,k} \tag{4-11}$$

$$f_{cu,\min} \geqslant f_{cu,k} - C\sigma_0 \tag{4-12}$$

式中：m_{fcu}——n 组混凝土立方体抗压强度的平均值(MPa)；

$f_{cu,k}$——该验收批混凝土立方体抗压强度标准值(MPa)；

$f_{cu,\min}$——n 组混凝土立方体抗压强度中的最小值(MPa)；

σ_0——港工混凝土抗压强度标准差的平均水平，按表 24 规定选取；

S_{fcu}——n 组混凝土立方体抗压强度的标准差(MPa)，可按式(4-13)计算，同时其取值不得低于 $\sigma_0-2.0$(MPa)；

$$s_{fcu} = \sqrt{\frac{\sum_{i=1}^{n} f_{cu,i}^2 - nm_{fcu}^2}{n-1}} \tag{4-13}$$

式中：$f_{cu,i}$——第 i 组混凝土立方体抗压强度(MPa)；

n——验收批内混凝土试件组数；

C——系数，按表 4-41 的规定选取。

表 4-41　系数 C

n	5～9	10～19	≥20
C	0.7	0.9	1.0

b. 当验收批内混凝土试件组数 $n=2$～4 时，混凝土强度统计数据应同时满足下列两式的要求：

$$m_{fcu} \geqslant f_{cu,k} + D \tag{4-14}$$

$$f_{cu,\min} \geqslant f_{cu,k} - 0.5D \tag{4-15}$$

式中：D——常数，其取值与表 24 的 σ_0 相同。

⑦ 当混凝土礁体构件允许出现裂缝时，按作用的长期(准永久)效应组合进行裂缝宽度计算，其最大宽度不应超过 0.30 mm 的限值。

4.5.3　钢结构鱼礁单体加工

4.5.3.1　切割

在钢结构鱼礁的加工过程中，如果需要对钢结构进行切割作业，应参照以下要求进行。

(1) 在拆除过程中，宜按照鱼礁尺寸要求对退役平台进行切割。

(2) 在切割前，应将切割线两侧的浮锈、油污、污物等清除干净，并严格按切割线和坡口要求进行。

(3) 在钢板上设置(采用气割法)直径为 200～300 mm 的圆孔或边长为 200～300 mm 的方孔。

(4) 对于管件，可在管壁上设置圆孔，孔径可在 50～200 mm 范围内。

4.5.3.2　焊接

在钢结构鱼礁的加工过程中，如果需要对钢结构进行焊接作业，应参照以下要求进行[124]。

(1) 在焊接前，要具备详细的鱼礁结构改造施工图纸，图纸上应注明焊接的位置、接头型式、焊缝尺寸、焊接方法、焊接材料的级别和牌号。

(2) 根据材质、焊件厚度、焊接工艺、气温以及结构性能要求等综合因素，确定焊接结构是否需要采用焊前预热或焊后热处理等特殊措施，并在钢结构鱼礁施工文件中加以说明[125]。

(3) 钢结构鱼礁加工改造时，应按照成熟的焊接工艺规程进行焊接施工。在露天进行气体保护焊时，一定要有防风措施。

(4) 板材礁焊点的设置应能满足礁体的沉设、堆栈强度要求；较大钢材礁(如导管架桩腿等)宜设置吊耳。

(5) 在焊接施工中不得任意加大焊缝，避免焊缝立体交叉或一处集中大量焊缝；同时，焊缝的布置应尽可能对称于构件形心轴。对于焊件厚度大于 20 mm 的角接接头焊缝，应采用收缩时不易引起层状撕裂的构造。

(6) 在进行钢板拼接时，对于采用纵横两方向的对接焊缝，可采用十字形交叉或 T 形交叉；当为 T 形交叉时，交叉点的间距不得小于 200 mm。

(7) 对于对接焊缝的拼接，当焊件的宽度不同或厚度在一侧相差 4 mm 以上时，应分别在宽度方向或厚度方向从一侧或两侧做成坡度不大于 1∶4 的斜角(见图 4-9)；当厚度不同时，焊缝坡口形式应根据较薄焊件厚度，按国家标准的要求选用[126]。

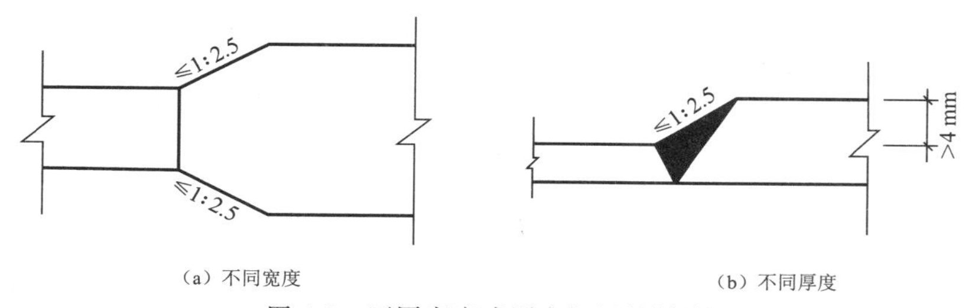

图 4-9　不同宽度或厚度钢板的拼接

(8) 根据不同板厚和施工条件，对接焊缝的坡口形式按有关现行国家标准的要求选用。

(9) 构件垂直于受力方向的焊缝不宜采用部分焊透的对接焊缝。

(10) 对于构件厚度不超过 6 mm 的对接全焊透焊缝，当使用手工电弧焊时，可以不开坡口；对于厚度超过 6 mm 的对接全焊透焊缝，应开坡口，进行单面或双面焊。如果采用双面焊，应使用削铲、磨具、碳弧气刨或其他适宜的方法，在反面焊接之前，先将正面焊的根部清除，再进行焊接；如果仅从单面焊接，应使用适宜的背垫条，背垫条的装配应与构件保持适当的间隙，而且拼接的永久性背垫条应完全焊透。

(11) 当采用埋弧自动焊进行对接全焊透焊接时，如果构件厚度不超过 16 mm，可以不开坡口；如果构件厚度超过 16 mm，应开坡口，并进行单面或双面焊。如果不清根可以得到可靠的焊接质量，可以不进行清根。

(12) 角焊缝两焊脚边的夹角 a 一般为 90°(直角角焊缝)。对于夹角 $a>135°$或 $a<60°$的斜角角焊缝，不宜用作受力焊缝(钢管结构除外)。

(13) 角焊缝的尺寸应符合下列要求[127]。

1) 角焊缝的焊脚尺寸 h_f(mm)不得小于 $1.5\sqrt{t}$，t(mm)为较厚焊件厚度(当采用低氢型碱性焊条施焊时，t 可采用较薄焊件的厚度）。但是，对于埋弧自动焊，最小焊脚尺寸可减小 1 mm；对于 T 形连接的单面角焊缝，应增加 1 mm；当焊件厚度等于或小于 4 mm 时，则最小焊脚尺寸应与焊件厚度相同。

2）角焊缝的焊脚尺寸不宜大于较薄焊件厚度的 1.2 倍（钢管结构除外）；圆孔或槽孔内的角焊缝焊脚尺寸不宜大于圆孔直径或槽孔短径的 1/3。

（14）角焊缝表面应做成直线形或凹形。

（15）焊脚尺寸的比例：对正面角焊缝宜为 1∶1.5（长边顺内力方向）；对侧面角焊缝可为 1∶1。

（16）在次要焊缝连接中，可采用断续角焊缝。断续角焊缝焊段的长度不得小于 10 h_f 或 50 mm，其净距不应大于 $15t$（对受压构件）或 $30t$（对受拉构件），t 为较薄焊件的厚度。

（17）当板件的端部仅有两侧面角焊缝连接时，每条侧面角焊缝长度不宜小于两侧面角焊缝之间的距离；同时，两侧面角焊缝之间的距离不宜大于 $16t$（当 $f>12$ mm）或 190 mm（当 $t\leqslant 12$ mm），t 为较薄焊件的厚度。

（18）杆件与节点板的连接焊缝（图 4-10）宜采用两面侧焊，也可用三面围焊；角钢杆件可采用 L 形围焊；所有围焊的转角处必须连续施焊。

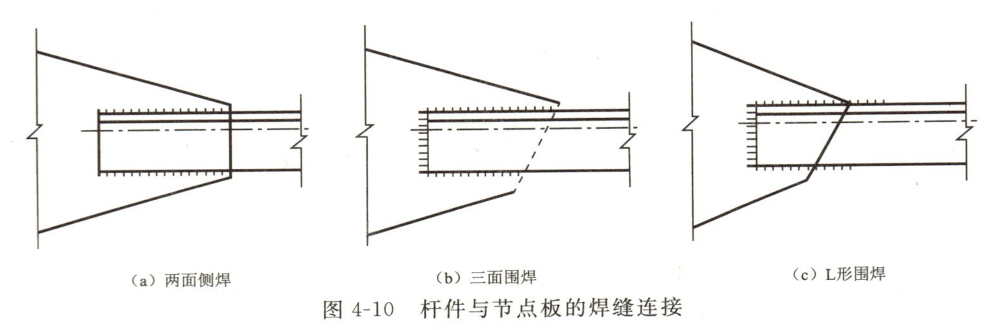

图 4-10　杆件与节点板的焊缝连接

（19）当角焊缝的端部在构件转角处做长度为 2 h_f 的绕角焊时，转角处必须连续施焊。

（20）在搭接连接中，搭接长度不得小于焊件较小厚度的 5 倍，并不得小于 25 mm。

4.6　礁体的吊装与投放

为了避免对鱼虾产卵期（4～7 月）的鱼卵、仔鱼和浮游区产生干扰和影响，保护环境敏感目标，人工礁体的投放作业尽可能安排在冬季。施工期间合理安排施工进度，掌握天气变化。为了降低施工海域悬浮物浓度、减轻抛礁体作业对施工及临近海域环境的影响，应避免在大风天气进行抛礁体作业[87]。

平台钢结构框架内部投放的沉鱼礁，其高度要低于低潮海面 2 m；平台框架周边形成的鱼礁，其高度要低于低潮海面 5 m。投放时可先投放混凝土礁、废弃钢材礁，然后采用平台系泊方式投放浮鱼礁。平台造礁的鱼礁投放方式可以考虑采取以下方法。（1）吊装投放，即由混凝土加工制作的小型鱼礁单体采用吊装方式投放。利用起吊机械从运载鱼礁的船上把礁体吊起送到水面，然后脱钩，让礁体自由落下着底，使鱼礁单体在海底堆积成台型。（2）系泊投放，浮鱼礁采用人工在平台上系泊投放的方式。

4.6.1　投礁方案编制

在投礁前，承包者应编制投礁方案，方案编制的主要内容如下[128-129]。

（1）投放时间选择：根据气象条件确定具体投放时间，并尽量选择小潮和平潮时进行作业。

（2）投放位置与范围划定：用GPS准确投放位置与范围（经纬度坐标）。

（3）运输船舶、吊装船确定：圆柱形礁宜采用双体船运输。

（4）运输船舶甲板上各类鱼礁单体（混凝土礁、石料礁等）停放位置的分区。

（5）确定退役导管架的投放位置（宜在退役的深水平台处投放）和导管架的吊装、运输与投放方案。

（6）选择各类型鱼礁的投礁方式。

1）箱形礁、三角形礁、梯形礁等礁体宜采用吊装方式投放；

2）圆柱形礁、小型平台钢管等宜采用人工抛礁法投放；

3）退役的导管架采用吊装法投放；

4）报废船只作为人工鱼礁投放时，应根据船体大小采用压载法投放。

（7）选择吊装投礁的脱钩方式：小型礁体的吊装可在水面采用麻绳切断/坠断法脱钩，而退役导管架等大型礁体需由潜水员在水下辅助脱钩。

（8）投礁操作的时间安排。

（9）根据礁体漂移距离，初步确定礁体入水点位。按以下公式计算礁体漂移距离。

$$S=\int_0^t u_{\mathrm{h}}(t)\,\mathrm{d}t \tag{4-16}$$

$$u_h(t)=\int_0^t a_h(t)\,\mathrm{d}t \tag{4-17}$$

$$a_h(t)=\frac{\mathrm{d}u_{\mathrm{h}}}{\mathrm{d}t}=\frac{F_{\mathrm{h}}(t)}{(\rho_{\mathrm{c}}-\rho_{\mathrm{w}})V} \tag{4-18}$$

$$h=\int_0^t u_{\mathrm{v}}(t)\,\mathrm{d}t \tag{4-19}$$

$$\rho_{\mathrm{c}}V\frac{\mathrm{d}u_{\mathrm{v}}}{\mathrm{d}t}=(\rho_{\mathrm{c}}-\rho_{\mathrm{w}})gV-C_{\mathrm{d}}A_{\mathrm{v}}\frac{\rho u_{\mathrm{v}}^2}{2}-C_{MA}\rho_{\mathrm{w}}V\frac{\mathrm{d}u_{\mathrm{v}}}{\mathrm{d}t} \tag{4-20}$$

$$F_h(t)=0.5C_{\mathrm{d}}\rho_{\mathrm{w}}A_{\mathrm{cf}}(v-u_h(t))^2+C_{MA}\rho_{\mathrm{w}}V\frac{\mathrm{d}u_{\mathrm{h}}}{\mathrm{d}t} \tag{4-21}$$

式中：S——礁体随流漂移的距离（m）；

a_{h}——礁体在水中水平方向的加速度（$\mathrm{m/s^2}$）；

t——礁体在水中下沉的时间（s）；

F_{h}——礁体所受的水流作用力（N）；

ρ_{c}——礁体材料的密度（$\mathrm{kg/m^3}$）；

ρ_{w}——海水密度（$\mathrm{kg/m^3}$）；

V——礁体实体的体积（$\mathrm{m^3}$）；

h——投礁位置的水深（m）；

A_{v}——礁体垂向投影面积（$\mathrm{m^2}$）；

A_{cf}——礁体迎流的垂直投影面积（$\mathrm{m^2}$）；

v——海水流速，随着时间变化（m/s）；

u_{v}——礁体在海水中的下沉速度（m/s）；

u_{h}——礁体在海水中的水平运动速度（m/s）；

C_d——礁体的阻力系数；

C_{MA}——附加质量系数。不同礁体的阻力系数（C_d）和附加质量系数（C_{MA}）取值参见附录 H 中的表格。

4.6.2 鱼礁捆扎

在鱼礁吊装、投放前，需要对鱼礁进行捆扎，以保证在吊装投放过程中不发生脱钩、断裂等事故。鱼礁的捆扎作业应遵循以下原则。

（1）麻（棕）绳不得向一个方向连续扭转，以免松散或扭动。

（2）麻（棕）绳在做走绳使用时，安全系数不得小于 10；做绳扣使用时，不得小于 12。

（3）用鱼礁单体本身的开孔作为受力点并进行吊装时，应对受力部位进行应力核算，必要时应采取奇特保护措施。

（4）用捆扎或其他兜系方法进行鱼礁单体吊装时，应做到绳扣出头位置合理，保证起吊过程中绳扣受力均匀。

（5）用捆扎法吊装鱼礁单体时，应防止压伤或擦伤工件，可在系绳处整齐地缠上由坚硬的垫木连成的护带，以分散绳扣对工件的压力，并增加其间的摩擦力。根据工件重量、壁厚等要素确定垫木的规格[130-131]。

（6）当吊钩挂绳扣时，应将绳扣挂至钩底；吊钩直接挂在工件的吊环或板孔式吊耳上时，不得使吊钩别劲和歪扭，不得将吊钩直接挂在鱼礁单体上吊装。

4.6.3 试吊

对于大型鱼礁或对鱼礁入水定位等有较高要求的鱼礁投放，在正式吊装前，必须进行试吊。试吊和正式吊装施工应执行下列规定[132-133]。

（1）对吊点处和变径、变厚处等设备及塔架的危险截面，宜实测其应力；形状细长的鱼礁单体应观察其挠度。

（2）对于卷扬机，应实测传动机构温升和电动机的电流、电压及温度变化。

（3）吊车进行吊装时，应观测吊装的安全距离。

（4）对索具的受力情况进行观测。

4.6.4 正式投礁作业

吊装投礁作业应遵循以下原则。

（1）根据潮流方向与船舶甲板上礁体的情况，灵活确定单位鱼礁（堆积礁）的投放程序[133-134]。

（2）投礁作业的定位[135-139]。

1）船舶到达现场后，在施工范围内先进行锚泊、小艇配合，再定点投放锚，系上浮标，圈定投放范围（GPS 定位）。

2）设定鱼礁单体拟投点的 GPS 坐标，并将装载有定位设备的定位船逆流驶至拟投点。

3）先利用定位船上的定位设备，在船首找到拟投点的坐标位置；再使定位船沿逆流方向驶至船身离开拟投点的坐标位置后，将定位船锚泊；利用定位船上的 GPS 定位设备，记录船尾的坐标位置，并计算出拟投点和船尾之间的间距；再将一系有浮绳的浮球标志物放入水中，并持续放绳，浮球标志物沿水流方向漂流，直至浮球标志物与船尾的间距等于拟投点和船尾的间距。

4）将装载有鱼礁单体及吊放设备的投放船逆流驶至吊放设备与浮球标志物之间，而且浮球标志物位于船体首、尾的中间位置，保持浮球标志物与船体之间的间距大于准备投放的鱼礁单体的宽度，然后将投放船以首尾抛锚方式进行锚泊。

5）在先投放的礁体上系上浮标，结合礁体随流漂移距离计算，确定最终的礁体在水面抛投点。

6）礁体在海底落点的平面精度应在 3 m 以内。

（3）礁体的脱钩与投放[140-145]。

1）将投放船上的一个鱼礁单体固定在吊放设备的吊钩上，使该鱼礁单体慢速吊离甲板，并使其起吊后保持平衡。

2）将吊起的鱼礁单体慢速平移至浮球标志物的正上方。

3）在鱼礁单体投放之前，先测量水深，在鱼礁单体投放接近海底时减缓投放速度，以确保鱼礁单体安全着地；缓慢匀速地将鱼礁单体向下投放至水中，直至鱼礁单体着地并自动脱离吊钩。

4）慢速收起吊钩的缆绳。

5）重复以上各步骤，从第一个拟投点起沿逆时针方向依次排列，直至鱼礁单体投放完毕。

6）当使用采油平台拆除设备造礁时，钢质礁与混凝土礁等宜间隔投放。

（4）投礁结束[146-147]。

1）投礁完毕后，采用声呐探测、潜水员探摸等方式，测绘礁区范围、地形、地貌，并确定礁区范围内特征点的经纬度坐标。

2）在起锚时，先起锚头，避免锚缆扫到已安放好的礁体。

4.6.5　礁区的标识

为保障船只航行、渔船作业以及鱼礁礁体的安全，平台造礁区必须安装水中构筑物专用标志。礁区助航标识的设置与管理应遵循以下原则。

（1）采油平台所有者设置礁区的相关标志后，向中华人民共和国交通运输部海事局备案，在海图上标识平台造礁分布区，并负责维护和日常管理。

（2）构筑物专用标的标识应满足《中国海区水上助航标志 GB 4696—1999》第 8 部分“专用标志”的相关规定，并标明水下构筑物的范围，建议将平台周边 50 米范围划为鱼礁区。

（3）平台造礁区的固定航标应保持外形完整、结构良好、标志颜色鲜明，确保从海上不同方向时都能观测到标识。

（4）平台造礁的构筑物专用标宜借助平台，以固定标形式设立。

（5）平台造礁海区固定航标的具体维护、管理程序，应按照中华人民共和国交通部部标准《海区航标固定建(构)筑物维护 JT 7008—86(试行)》的有关要求执行。

第5章 >>>

工程验收及后续评价

5.1 工程验收

5.1.1 验收条件

海上退役采油设施拆除与平台造礁工程完工后，验收要符合以下条件[148]。

(1) 完成合同(方案)范围内的工程项目和工作。

(2) 按规定对工程进行了自查。

(3) 检测了初始值及施工期各项观测值。

(4) 按要求对工程质量缺陷进行了处理。

(5) 完成工程完工结算。

(6) 已经进行施工现场清理。

(7) 按要求整理需移交的档案、资料。

(8) 合同约定的其他条件。

5.1.2 需准备的资料

施工完成后，需要准备的验收资料包括[149]：

(1) 投标书、承包合同；

(2) 设计图纸；

(3) 工程说明书；

(4) 技术规范和标准；

(5) 工程量清单；

(6) 单价表；

(7) 工期网络图表；

(8) 工程建设实施过程中的有关来往信函、电传、电报等重要文件，同时还包括对工程监理方的权利、义务和职责的具体规定。

5.1.3 验收内容

由业主代表、监理方和第三方共同出面进行现场验收。验收内容严格按照国家法律、法规要求进行，主要验收事项包括：

（1）委托拆除设施完成情况；

（2）拆除符合国家法律规范要求情况；

（3）施工现场清理与污染情况。

验收流程如图 5-1 所示。

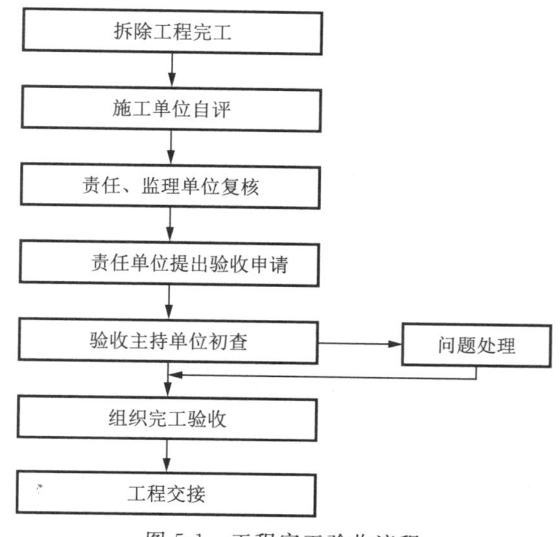

图 5-1　工程完工验收流程

5.2　平台造礁效应的跟踪调查与评价

5.2.1　平台造礁效应调查

5.2.1.1　水质调查

平台造礁工程完成后，应进行造礁效果和环境影响的跟踪调查。其中，水质调查有以下几个方面。

（1）监测因子。水质监测因子主要包括 DO、pH、营养盐（如硝酸氮、氨氮、亚硝酸氮、磷酸盐、硅酸盐）、悬浮物、COD、BOD_5、石油、叶绿素、初级生产力。

（2）点位布设。在平台礁体周边 500 米范围内布设 2～4 个监测点（最好与礁址评价时的监测点位置相同）。另外，在距离礁体 1 000 米外设置 1 个对照点。水质调查应包括高潮期和低潮期。水深≥10 米取表、底两层水样；水深＜10 米只取表层水样。

（3）调查频次。在平台造礁后的第 2、3、4 年的每年度进行一次监测。

5.2.1.2　沉积物调查

沉积物的调查有以下几个方面。

（1）监测因子。沉积物监测因子：氧化还原电位、石油类、有机碳、硫化物、总磷、总氮、铁。

（2）点位布设。在平台造礁影响范围内，布设 2～4 个监测点。另外，在距离礁体 1 000 米外设置 1 个对照点。

（3）调查频次：在平台造礁后的第 2、3、4 年的每年度进行一次监测。

5.2.1.3 生物调查

生物调查有以下几个方面。

(1) 调查内容。浮游植物(采表层样)、浮游动物、附着生物、底栖生物、游泳生物(包括鱼的种类、数量、重量等)。

(2) 点位布设。在平台礁体周边500米范围内,布设1～3个监测点。另外,在距离礁体1 000米外设置1个对照点。

(3) 调查频次。在平台造礁后的第2、3、4年的每年度进行一次调查。

5.2.1.4 流场调查

流场调查有以下几个方面。

(1) 调查内容。调查鱼礁区上升流、背涡流、绕流的强度、范围。

(2) 调查频次。在平台造礁6个月后,进行一次全面流场调查(包括大小潮、涨落潮期间的流场调查)。

5.2.1.5 礁体调查

礁体调查有以下几个方面。

(1) 调查内容。礁体的位置、分布范围、沉降度,礁群的形态,附着生物、游泳生物(尤其是经济鱼类和虾蟹类)等。

(2) 调查方法。采用潜水观测、拍照、录像等方法。

(3) 调查频次。在平台造礁后,隔年进行一次水下观测。

5.2.2 平台造礁效应评价

5.2.2.1 水质、沉积物评价

(1) 按本技术规范2.4.3.1与2.4.3.2的方法进行水质与沉积物评价。

(2) 将造礁前、后的同期调查结果进行对比。

(3) 将礁区调查结果与对照点的结果进行对比。

5.2.2.2 生物评价

(1) 按照3.3.3.3的方法进行生物多样性与群落均匀度的评价,并与建礁前的结果进行对比。

(2) 采用演变速率指标评价群落演变,采用β多样性指数评价群落演变速率。β多样性指数可以表示群落间的相似性大小。演变速率E的计算方法如下[150]。

$$E = 1 - \frac{S_{IMi}}{S_{IM0}} \tag{5-1}$$

式中:S_{IM0}——初始群落的相似性指数;

S_{IMi}——时间尺度上第i群落的相似性指数。相似性指数计算公式如下。

$$S_{IM} = 2\frac{N_{coi}}{S_0 + S_i} \tag{5-2}$$

式中:n——第i时刻和初始群落共有的物种数;

S_0——初始群落的物种数;

S_i——第i群落的物种数;

N_{coi}——表示初始群落和时间尺度上第i时刻群落共有种的个体数较小者之和,计算公式如下。

$$N_{coi}=\sum_{j=1}^{n}\min(N_{coo},N_{coi}) \tag{5-3}$$

演变速率 E 介于 0～1 之间。$E=0$，两个群落结构完全相同，没有发生演变；$E=1$，两个群落结构安全不同，没有共同种，发生完全演变。通常情况下，$0<E<1$，两个群落的结构发生部分改变。

第 6 章 >>>

人工鱼礁区沉积物冲刷的试验研究

6.1 概述

海上退役平台造礁区的波浪、潮流、海流等与礁体之间相互作用，不仅影响着鱼礁的流场效应，而且会对礁体底部的沉积物造成冲刷和再悬浮。另外，还对礁体的稳定性有一定影响，而礁体的稳定性依赖于鱼礁周围的物理环境以及流—地质—礁体系统内的相互作用。

把大型鱼礁投放在流速较大的沿岸海域之后，在礁体的迎流面附近则会产生下降流，其到达海底时就会在礁体的前部产生一个马蹄形漩涡，这个漩涡带动礁体底部沉积物的冲刷和再悬浮。再悬浮的沉积物有的会被输送到上层水体中，并重新开始下沉；另外的则被输送到礁体背流面的缓流区，经过循环往复重复这一过程，礁体会不稳甚至淹埋。

本章主要研究海上退役平台造礁区人工鱼礁周围的冲刷状况，对于研究礁区的生态稳定性是非常有必要的工作。

6.2 试验装置

海上退役平台造礁区的人工鱼礁周围冲刷试验示意图如图 6-1 所示。

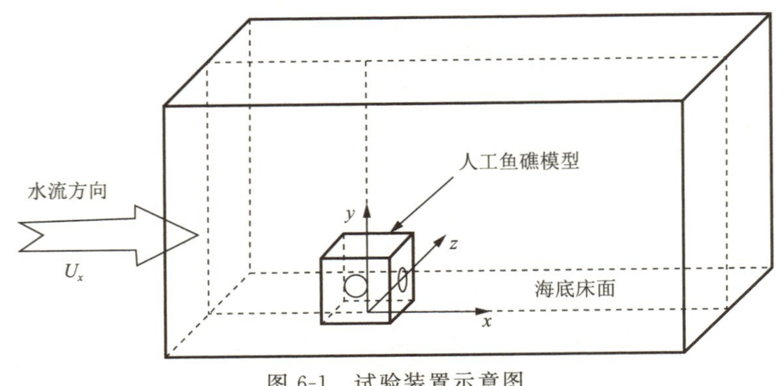

图 6-1 试验装置示意图

6.3　试验方法

6.3.1　模型选择

本研究以两种多孔立方体人工鱼礁作为研究对象，如图 6-2 所示。按几何比尺缩小后，模型 A 尺寸为：$a\times b\times c=15\times 15\times 15$(cm)，即 $a=b=c=15$ cm；中空无底，壁厚 0.5 cm，在顶部中央有一个圆孔，每个侧面均设有 4 个孔，所有开孔的直径均为 4 cm。模型 B 无盖，其他尺寸与模型 A 相同。

(a) 有盖鱼礁模型

(b) 无盖鱼礁模型

图 6-2　人工鱼礁模型

6.3.2　鱼礁模型的放置方式

鱼礁模型按照两种方式进行放置。一种是正面迎流 $\theta=0°$，如图 5-3(a)；另一种是 45° 方向迎流 $\theta=45°$，如图 6-3(b)所示。

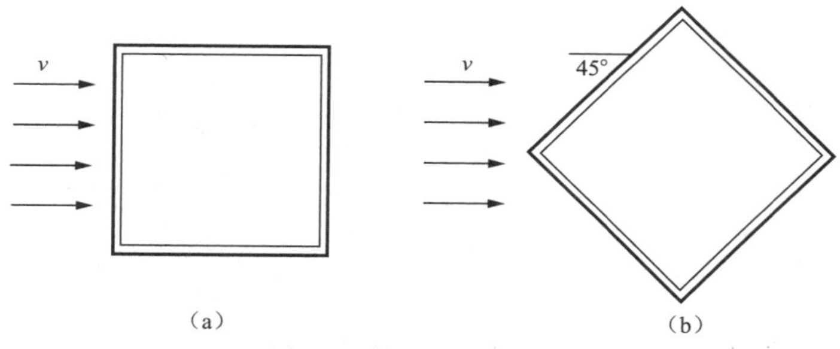

(a)　　(b)

图 6-3　模型的放置方式

6.3.3　实验条件及实验组次

试验中的水温为 8 ℃，运动黏滞系数为 $\upsilon=1.139\times 10^{0.6}$ m²/s，水槽平均流速分别为 0.2 m/s、0.3 m/s、0.4 m/s、0.5 m/s，则其雷诺数分别为 26 316、39 474、52 632、65 789。泥沙的中值粒径为 $d_{50}=0.3$ mm，几何学标准偏差 $\sigma_g=2.05$，孔隙率为 $n=0.4$。试验参数如表 6-1 所示。实验中还分别监测了鱼礁前后不同距离处水体中悬浮物的浓度。造礁区人工鱼礁周围的冲刷试验如图 6-4 所示。

表 6-1　试验控制条件

试验编号	来流流速 /(m·s^{-1})	迎流角度	鱼礁工况	流向	水深 /m	泥沙中值粒径 D_{50}/mm
1	0.2	0°	有盖	单向流	0.3	0.3
2			无盖	单向流	0.3	0.3
3		45°	有盖	单向流	0.3	0.3
4			无盖	单向流	0.3	0.3
5	0.3	0°	有盖	单向流	0.3	0.3
6			无盖	单向流	0.3	0.3
7		45°	有盖	单向流	0.3	0.3
8			无盖	单向流	0.3	0.3
9	0.4	0°	有盖	单向流	0.3	0.3
10			无盖	单向流	0.3	0.3
11		45°	有盖	单向流	0.3	0.3
12			无盖	单向流	0.3	0.3
13	0.5	0°	有盖	单向流	0.3	0.3
14			无盖	单向流	0.3	0.3
15		45°	有盖	单向流	0.3	0.3
16			无盖	单向流	0.3	0.3

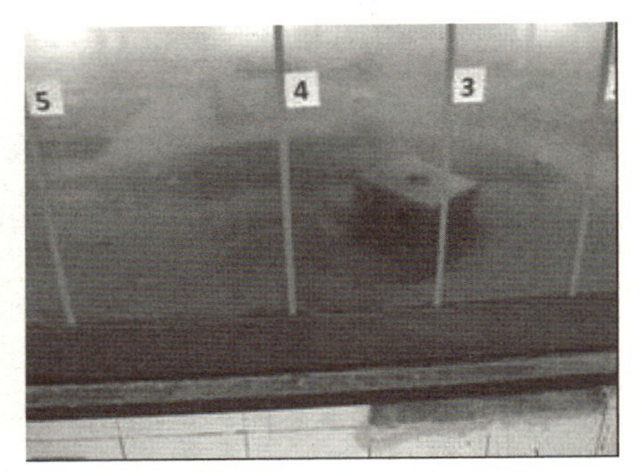

图 6-4　鱼礁周围的冲刷试验

6.4　试验结果与分析

6.4.1　流速为 0.2 m/s 时的冲刷效应

(1) 迎流角 $\theta=0°$。

① 有盖的情况。在流速为 $U=0.2$ m/s、$\theta=0°$、礁体顶有盖的情况下，人工鱼礁周围的泥沙冲刷情况如图 6-5 所示。由图 6-5 可知，人工鱼礁周围的底泥受到了不同程度的冲刷，在一定的范围内形成了冲刷坑，使鱼礁的物理稳定性受到了一定的影响。人工鱼礁的冲刷坑以其中心线为轴心，呈左右对称的形状。经过对冲刷坑的测量可知，在流速为 0.2 m/s、鱼礁有盖的情况下，冲刷坑的最大深度为 $H=4.9$ cm，最大宽度为 $D=26$ cm，鱼礁

前后的高差为 $\Delta H=1.4$ cm。

图 6-5　$U=0.2$ m/s、$\theta=0°$时有盖人工鱼礁周围泥沙冲刷效果

由于人工鱼礁的周围受到了不同程度的冲刷，导致鱼礁周围水体中悬浮物的浓度发生不同程度的变化。在人工鱼礁的前方 20 cm 和 80 cm 处悬浮物浓度分别为 0.765 kg/m^3 和 0.76 kg/m^3，在中心线处悬浮物浓度为 0.7 kg/m^3，在鱼礁的后方 20 cm、50 cm 和 110 cm 处悬浮物浓度分别为 0.91 kg/m^3、1.05 kg/m^3 和 0.95 kg/m^3。

悬浮浓度在实验装置中沿程变化如图 6-6 所示，鱼礁轴心位置为坐标轴 1 m 处。由图 6-6 可知，人工鱼礁前方不同断面处悬浮物浓度逐渐增大，在后方 50 cm 处达到最大值，随后浓度逐渐降低。

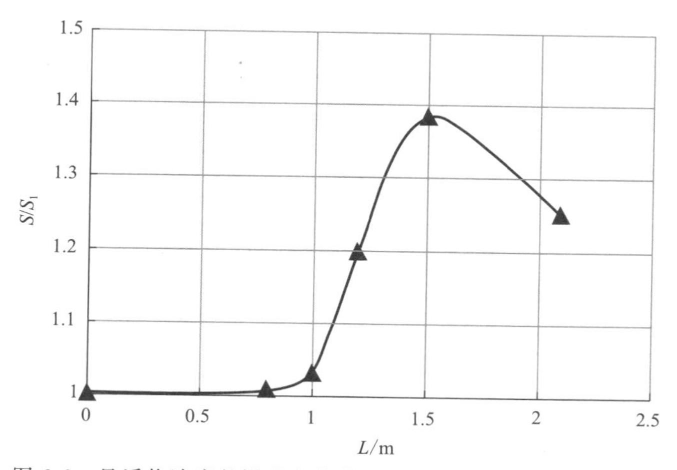

图 6-6　悬浮物浓度的沿程变化曲线（有盖，$U=0.2$ m/s、$\theta=0°$）

② 无盖的情况。在流速为 $U=0.2$ m/s、$\theta=0°$、礁体顶无盖的情况下，人工鱼礁周围的泥沙冲刷情况如图 6-7 所示。由图 6-7 可知，人工鱼礁周围的底泥受到了不同程度的冲刷，在一定的范围内形成了冲刷坑，使鱼礁的物理稳定性受到了一定的影响。人工鱼礁的冲刷坑以其中心线为轴心，呈左、右对称的形状。经过对冲刷坑的测量可知，在流速为 0.2 m/s、鱼礁有盖的情况下，冲刷坑的最大深度为 $H=4.8$ cm、最大宽度为 $D=25$ cm，鱼礁前、后的高差为 $\Delta H=3.1$ cm。

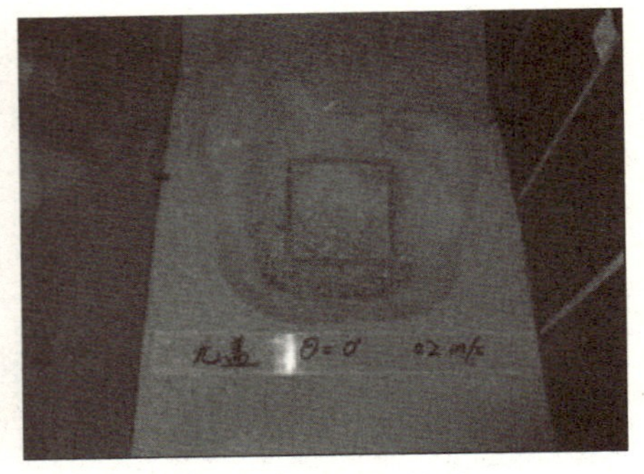

图 6-7 $U=0.2$ m/s、$\theta=0°$时无盖人工鱼礁周围泥沙的冲刷效果

由于人工鱼礁的周围受到了不同程度的冲刷，导致鱼礁周围的水中悬浮物的浓度发生不同程度的变化。在人工鱼礁的前方 20 cm 和 80 cm 处悬浮物浓度分别为 0.765 kg/m^3 和 0.76 kg/m^3，在中心线处悬浮物浓度为 0.7 kg/m^3，在鱼礁的后方 20 cm、50 cm 和 110 cm 处悬浮物浓度分别为 0.91 kg/m^3、1.05 kg/m^3 和 0.95 kg/m^3。

悬浮浓度在实验装置中沿程变化如图 6-8 所示。由图中可知，人工鱼礁前方不同断面处悬浮物浓度逐渐增大，在后方 50 cm 处达到最大值，随后浓度逐渐降低。

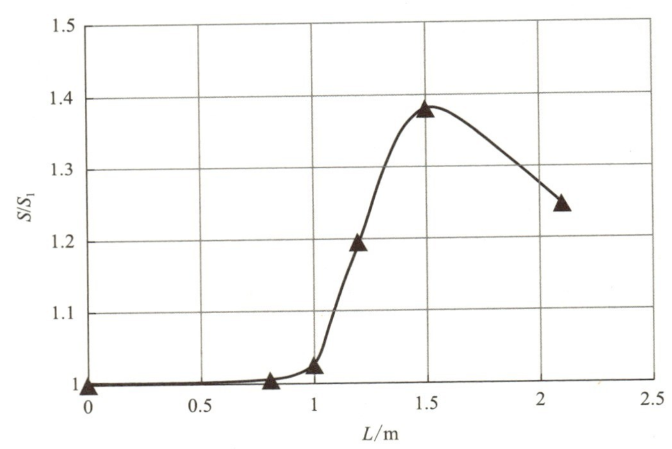

图 6-8 悬浮物浓度的沿程变化曲线（无盖，$U=0.2$ m/s、$\theta=0°$）

（2）迎流角 $\theta=45°$。

① 有盖的情况。在流速为 $U=0.2$ m/s、有盖人工鱼礁周围的泥沙冲刷情况如图 6-9 所示。由图中可知，人工鱼礁周围的底泥受到了不同程度的冲刷，在一定范围内形成了冲刷坑，使鱼礁的物理稳定性受到了一定影响。人工鱼礁的冲刷坑以其中心线为轴心，呈左、右对称的形状。经过对冲刷坑的测量可知，在流速为 0.2 m/s、鱼礁有盖的情况下，冲刷坑的最大深度为 $H=5.5$ cm，最大宽度为 $D=30$ cm，鱼礁前、后的高差为 $\Delta H=2.0$ cm。

由于人工鱼礁的周围受到了不同程度的冲刷，导致鱼礁周围水中悬浮物的浓度发生不同程度的变化。在人工鱼礁的前方 20 cm 和 80 cm 处悬浮物浓度分别为 0.9 kg/m^3 和 0.88 kg/m^3，在中心线处悬浮物浓度为 0.94 kg/m^3，在鱼礁的后方 20 cm、50 cm 和 110 cm 处悬浮物浓度分别为 1.06 kg/m^3、1.18 kg/m^3 和 1.12 kg/m^3。

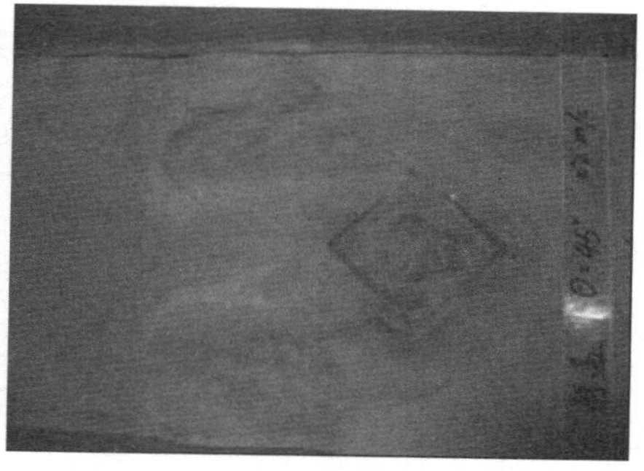

图 6-9　$U=0.2$ m/s、$\theta=45°$时有盖人工鱼礁周围泥沙的冲刷效果

悬浮浓度在实验装置中沿程变化如图 6-10 所示。由图中可知，人工鱼礁前方不同断面处悬浮物浓度逐渐增大，在后方 50 cm 处达到最大值，随后浓度逐渐降低。

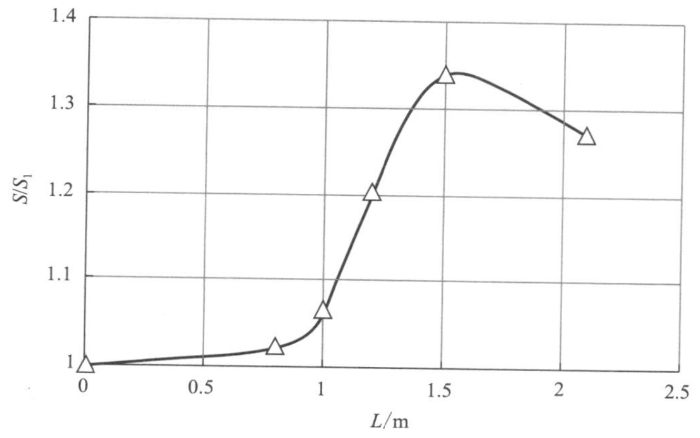

图 6-10　悬浮物浓度的沿程变化曲线(有盖，$U=0.2$ m/s、$\theta=45°$)

② 无盖的情况。在流速为$U=0.2$ m/s、无盖人工鱼礁周围的泥沙冲刷情况如图 6-11 所示。由图中可知，人工鱼礁周围的底泥受到了不同程度的冲刷，在一定的范围内形成了冲刷坑，使鱼礁的物理稳定性受到了一定的影响。人工鱼礁的冲刷坑以其中心线为轴心，呈左、右对称的形状。经过对冲刷坑的测量可知，在流速为 0.2 m/s、鱼礁有盖的情况下，冲刷坑的最大深度为$H=5.2$ cm，最大宽度为$D=28$ cm，鱼礁前、后的高差为$\Delta H=2.0$ cm。

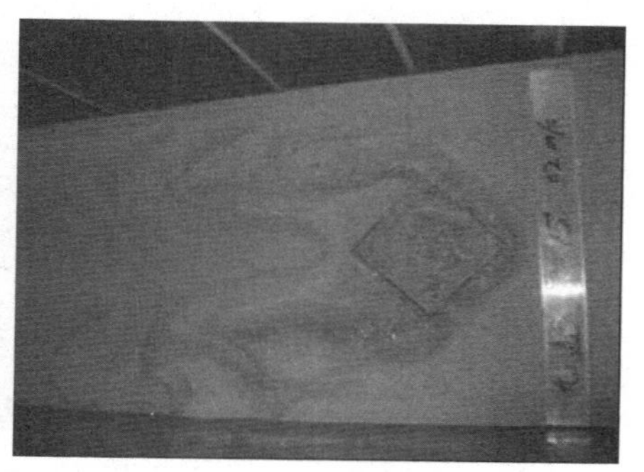

图 6-11　$U=0.2$ m/s、$\theta=45°$时无盖人工鱼礁周围泥沙的冲刷效果

由于人工鱼礁的周围受到了不同程度的冲刷，导致鱼礁周围水体中悬浮物的浓度发生不同程度的变化。在人工鱼礁的前方 20 cm 和 80 cm 处悬浮物浓度分别为 0.9 kg/m^3

和 0.88 kg/m^3，在中心线处悬浮物浓度为 0.94 kg/m^3，在鱼礁的后方 20 cm、50 cm 和 110 cm处悬浮物浓度分别为 1.06 kg/m^3、1.18 kg/m^3 和 1.12 kg/m^3。

悬浮浓度在实验装置中沿程变化如图 6-12 所示。由图中可知，人工鱼礁前方不同断面处悬浮物浓度逐渐增大，在后方 50 cm 处达到最大值，随后浓度逐渐降低。

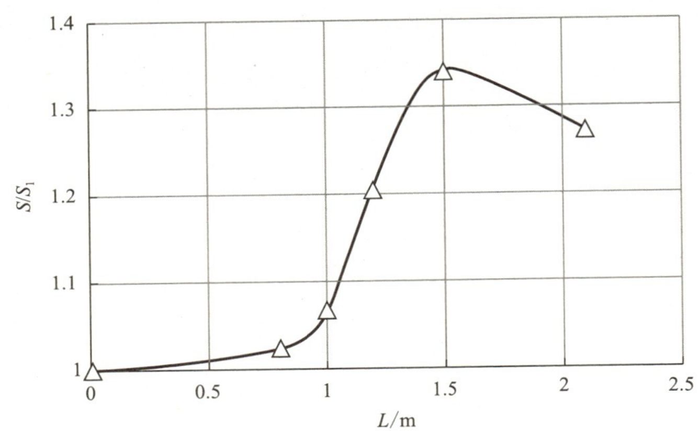

图 6-12　悬浮物浓度的沿程变化曲线（无盖，U=0.2 m/s、θ=45°）

6.4.2　流速为 0.3 m/s 时的冲刷效应

（1）迎流角 θ=0°。

① 有盖的情况。在流速为 U=0.3 m/s、有盖人工鱼礁周围的泥沙冲刷情况如图 6-13 所示。由图中可知，人工鱼礁后周围的底泥受到了不同程度的冲刷，在一定的范围内形成了冲刷坑，使鱼礁的物理稳定性受到了一定的影响。人工鱼礁的冲刷坑以其中心线为轴心，呈左、右对称的形状。经过对冲刷坑的测量可知，在流速为 0.3 m/s、鱼礁有盖的情况下，冲刷坑的最大深度为 H=5.8 cm，最大宽度为 D=33 cm，鱼礁前、后的高差为 ΔH=5.9 cm。

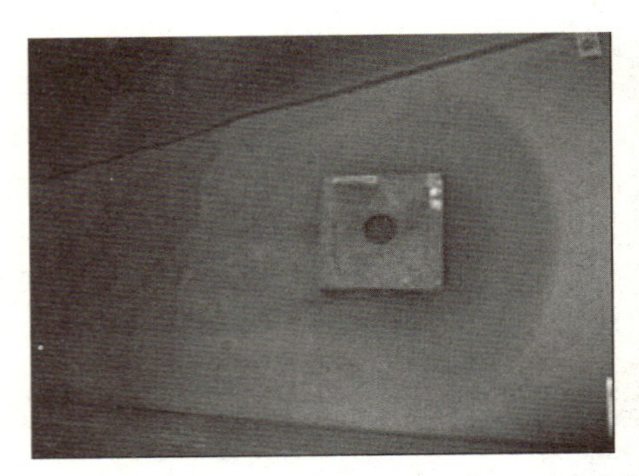

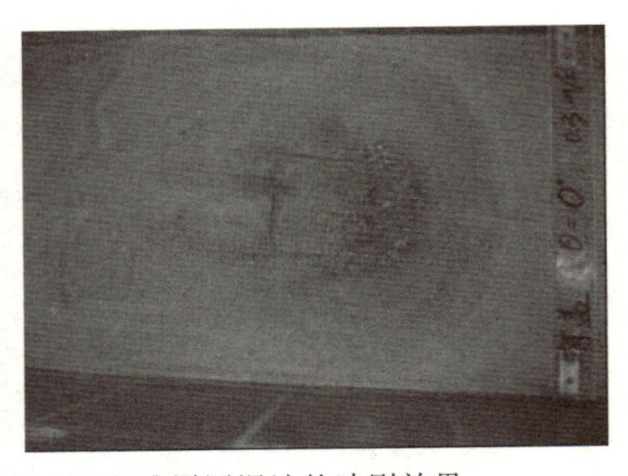

图 6-13　U=0.3 m/s、θ=0°时有盖人工鱼礁周围泥沙的冲刷效果

由于人工鱼礁的周围受到了不同程度的冲刷，导致鱼礁周围水体中悬浮物的浓度发生不同程度的变化。在人工鱼礁的前方 20 cm 和 80 cm 处悬浮物浓度分别为 1.22 kg/m^3 和 1.19 kg/m^3，在中心线处悬浮物浓度为 1.32 kg/m^3，在鱼礁的后方 20 cm、50 cm 和 110 cm处悬浮物浓度分别为 1.45 kg/m^3、1.58 kg/m^{3}和 1.53 kg/m^3。

悬浮物浓度在实验装置中沿程变化如图 6-14 所示。由图中可知，人工鱼礁前方不同断面处悬浮物浓度逐渐增大，在后方 50 cm 处达到最大值，随后浓度逐渐降低。

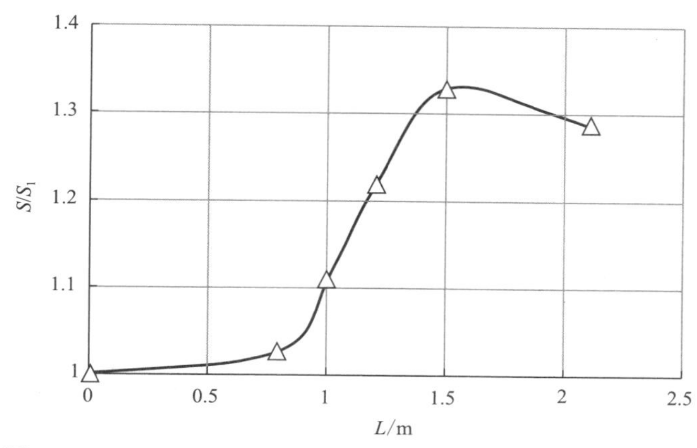

图 6-14　悬浮物浓度的沿程变化曲线(有盖,U=0.3 m/s、θ=0°)

② 无盖的情况。在流速为U=0.3 m/s、无盖人工鱼礁周围的泥沙冲刷情况如图 6-15 所示。由图中可知,人工鱼礁周围的底泥受到了不同程度的冲刷,在一定的范围内形成了冲刷坑,使鱼礁的物理稳定性受到了一定的影响。人工鱼礁的冲刷坑以其中心线为轴心,呈左、右对称的形状。经过对冲刷坑的测量可知,在流速为 0.3 m/s、鱼礁有盖的情况下,冲刷坑的最大深度为 H=5.3 cm,最大宽度为 D=32 cm,鱼礁前、后的高差为 ΔH= 6.0 cm。

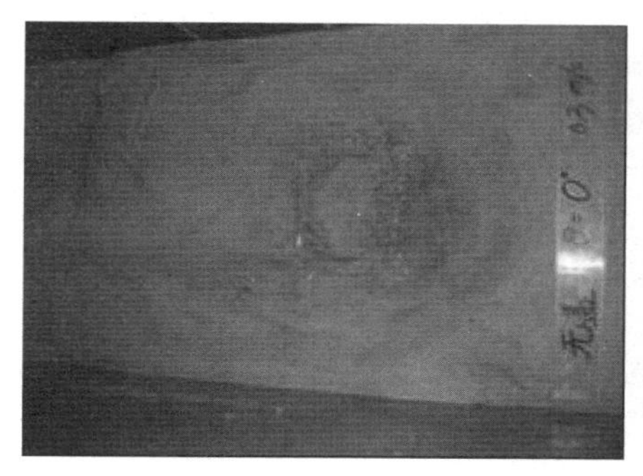

图 6-15　U=0.3 m/s、θ=0°时无盖人工鱼礁周围泥沙的冲刷效果

由于人工鱼礁的周围受到了不同程度的冲刷,导致鱼礁周围水体中悬浮物的浓度发生不同程度的变化。在人工鱼礁的前方 20 cm 和 80 cm 处悬浮物浓度分别为 1.22 kg/m^3 和 1.19 kg/m^3,在中心线处悬浮物浓度为 1.32 kg/m^3,在鱼礁的后方 20 cm、50 cm 和 110 cm处悬浮物浓度分别为 1.45 kg/m^3、1.58 kg/m^{3}和 1.53 kg/m^3。

悬浮物浓度在实验装置中沿程变化如图 6-16 所示。由图中可知,人工鱼礁前方不同断面处悬浮物浓度逐渐增大,在后方 50 cm 处达到最大值,随后浓度逐渐降低。

(2) 迎流角 θ=45°。

① 有盖的情况。在流速为U=0.3 m/s、有盖人工鱼礁周围的泥沙冲刷情况如图 6-17 所示。由图中可知,人工鱼礁周围的底泥受到了不同程度的冲刷,在一定的范围内形成了冲刷坑,使鱼礁的物理稳定性受到了一定的影响。人工鱼礁的冲刷坑以其中心线为轴心,呈左、右对称的形状。经过对冲刷坑的测量可知,在流速为 0.3 m/s、鱼礁有盖的情况下,冲刷坑的最大深度为 H=6.5 cm,最大宽度为 D=36 cm,鱼礁前、后的高差为 ΔH=

0.5 cm。

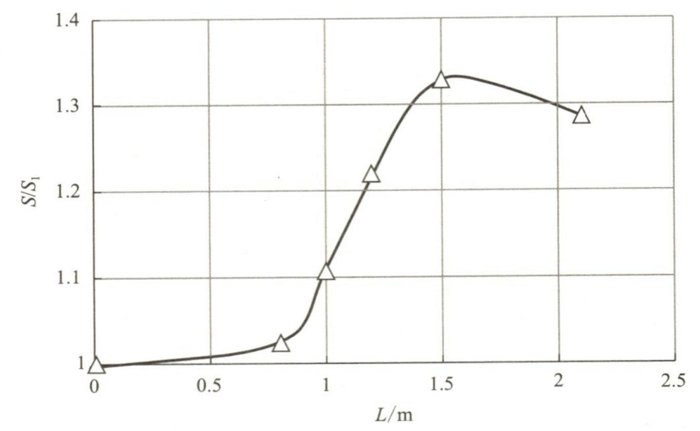

图 6-16　悬浮物浓度的沿程变化曲线(无盖,U=0.3 m/s、θ=0°)

由于人工鱼礁的周围受到了不同程度的冲刷,导致鱼礁周围水体中悬浮物的浓度发生不同程度的变化。在人工鱼礁的前方 20 cm 和 80 cm 处悬浮物浓度分别为 1.28 kg/m^3 和 1.24 kg/m^3,在中心线处悬浮物浓度为 1.38 kg/m^3,在鱼礁的后方 20 cm、50 cm 和 110 cm 处悬浮物浓度分别为 1.52 kg/m^3、1.66 kg/m^3 和 1.61 kg/m^3。

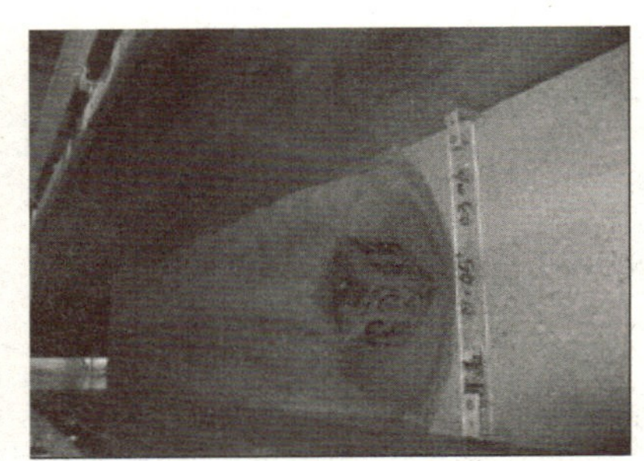

图 6-17　U=0.3 m/s、θ=45°时有盖人工鱼礁周围泥沙的冲刷效果

悬浮物浓度在实验装置中沿程变化如图 6-18 所示。由图中可知,人工鱼礁前方不同断面处悬浮物浓度逐渐增大,在后方 50 cm 处达到最大值,随后浓度逐渐降低。

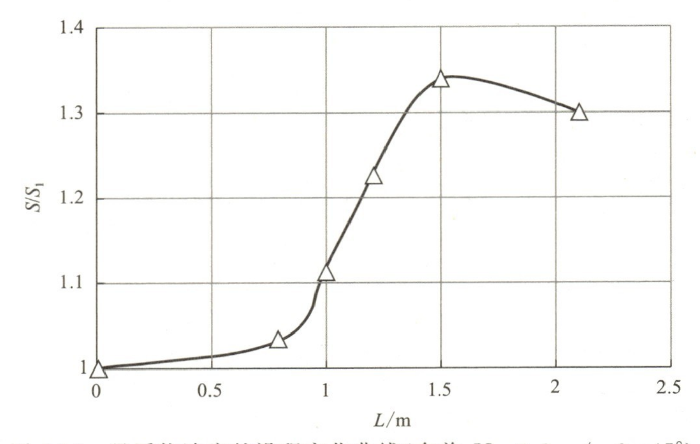

图 6-18　悬浮物浓度的沿程变化曲线(有盖,U=0.3 m/s、θ=45°)

② 无盖的情况。在流速为 $U=0.3$ m/s、无盖人工鱼礁周围的泥沙冲刷情况如图 6-19 所示。由图中可知，人工鱼礁周围的底泥受到了不同程度的冲刷，在一定的范围内形成了冲刷坑，使鱼礁的物理稳定性受到了一定的影响。人工鱼礁的冲刷坑以其中心线为轴心，呈左、右对称的形状。经过对冲刷坑的测量可知，在流速为 0.3 m/s、鱼礁无盖的情况下，冲刷坑的最大深度为 $H=6.3$ cm，最大宽度为 $D=34$ cm，鱼礁前、后的高差为 $\Delta H=0.3$ cm。

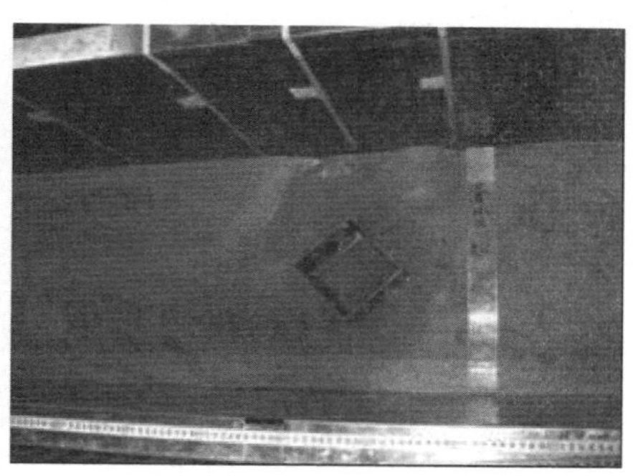

图 6-19　$U=0.3$ m/s、$\theta=45°$时无盖人工鱼礁周围泥沙的冲刷效果

由于人工鱼礁的周围受到了不同程度的冲刷，导致鱼礁周围水体中悬浮物的浓度发生不同程度的变化。在人工鱼礁的前方 20 cm 和 80 cm 处悬浮物浓度分别为 1.28 kg/m^3 和 1.24 kg/m^3，在中心线处悬浮物浓度为 1.38 kg/m^3，在鱼礁的后方 20 cm、50 cm 和 110 cm 处悬浮物浓度分别为 1.52 kg/m^3、1.66 kg/m^3 和 1.61 kg/m^3。

悬浮物浓度在实验装置中沿程变化如图 6-20 所示。由图中可知，人工鱼礁前方不同断面处悬浮物浓度逐渐增大，在后方 50 cm 处达到最大值，随后浓度逐渐降低。

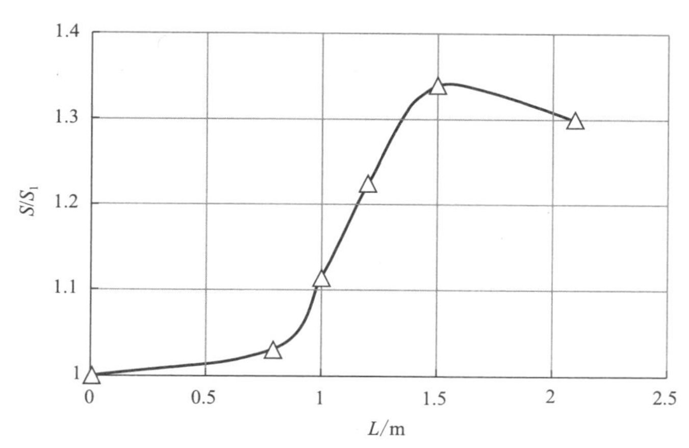

图 6-20　悬浮物浓度的沿程变化曲线（无盖，$U=0.3$ m/s、$\theta=45°$）

6.4.3　流速为 0.4 m/s 时的冲刷效应

（1）迎流角 $\theta=0°$。

① 有盖的情况。在流速为 $U=0.4$ m/s 有盖人工鱼礁周围的泥沙冲刷情况如图 6-21 所示。由图中可知，人工鱼礁周围的底泥受到了不同程度的冲刷，在一定的范围内形成了冲刷坑，使鱼礁的物理稳定性受到了一定的影响。人工鱼礁的冲刷坑以其中心线为轴心，

呈左、右对称的形状。经过对冲刷坑的测量可知，在流速为 0.4 m/s、鱼礁无盖的情况下，冲刷坑的最大深度为 $H=7.0$ cm，最大宽度为 $D=37$ cm，鱼礁前、后的高差为 $\Delta H=6.0$ cm。

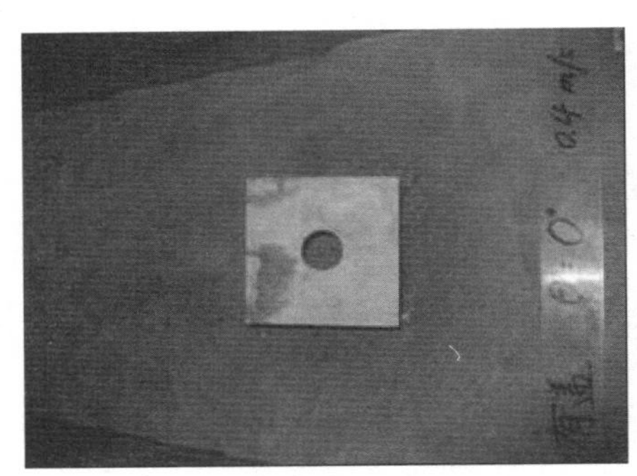

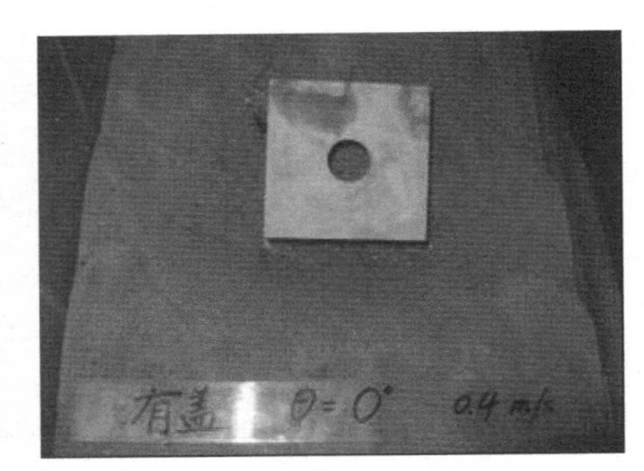

图 6-21　$U=0.4$ m/s、$\theta=0°$有盖人工鱼礁周围泥沙的冲刷效果

由于人工鱼礁的周围受到了不同程度的冲刷，导致鱼礁周围水体中悬浮物的浓度发生不同程度的变化。在人工鱼礁的前方 20 cm 和 80 cm 处悬浮物浓度分别为 1.81 kg/m^3 和 1.75 kg/m^3，在中心线处悬浮物浓度为 1.96 kg/m^3，在鱼礁的后方 20 cm、50 cm 和 110 cm处悬浮物浓度分别为 2.16 kg/m^3、2.35 kg/m^{3}和 2.23 kg/m^3。

悬浮物浓度在实验装置中沿程变化如图 6-22 所示。由图中可知，人工鱼礁前方不同断面处悬浮物浓度逐渐增大，在后方 50 cm 处达到最大值，随后浓度逐渐降低。

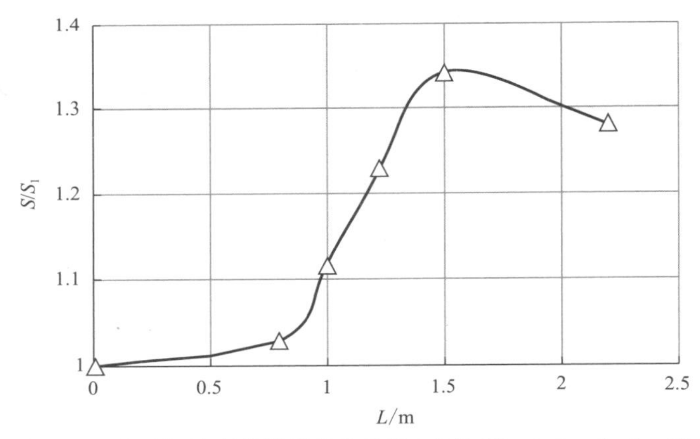

图 6-22　悬浮物浓度的沿程变化曲线(有盖，$U=0.4$ m/s、$\theta=0°$)

② 无盖的情况。在流速为$U=0.4$ m/s 无盖人工鱼礁周围的泥沙冲刷情况如图 6-23 所示。由图中可知，人工鱼礁周围的底泥受到了不同程度的冲刷，在一定的范围内形成了冲刷坑，使鱼礁的物理稳定性受到了一定的影响。人工鱼礁的冲刷坑以其中心线为轴心，呈左、右对称的形状。经过对冲刷坑的测量可知，在流速为 0.4 m/s、鱼礁无盖的情况下，冲刷坑的最大深度为 $H=6.7$ cm，最大宽度为 $D=36.6$ cm，鱼礁前、后的高差为 $\Delta H=4.0$ cm。

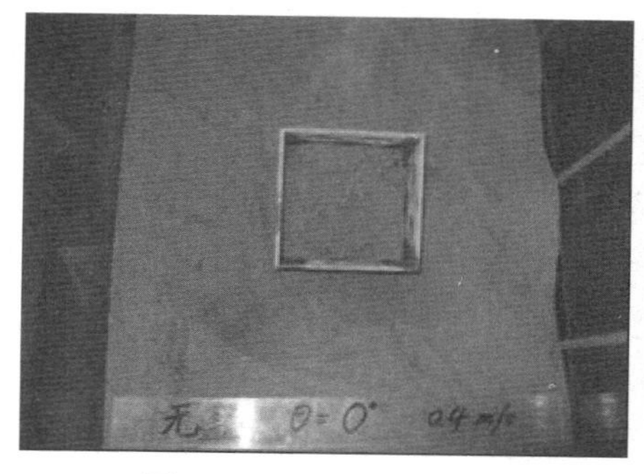

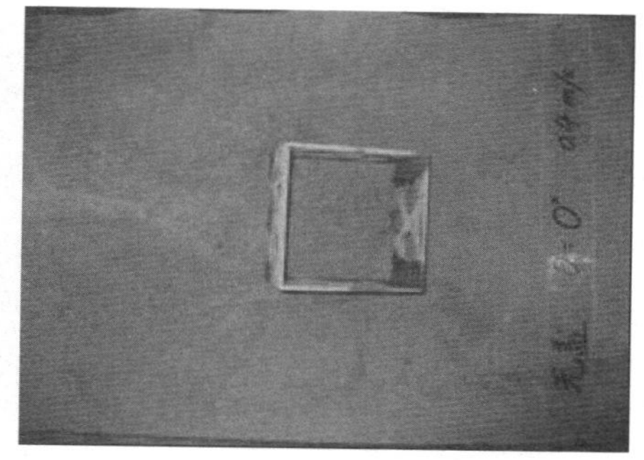

图 6-23　$U=0.4$ m/s、$\theta=0°$无盖情况下人工鱼礁周围泥沙的冲刷效果

由于人工鱼礁的周围受到了不同程度的冲刷，导致鱼礁周围水体中悬浮物的浓度发生不同程度的变化。在人工鱼礁的前方 20 cm 和 80 cm 处悬浮物浓度分别为 1.81 kg/m^3 和 1.75 kg/m^3，在中心线处悬浮物浓度为 1.96 kg/m^3，在鱼礁的后方 20 cm、50 cm 和 110 cm处悬浮物浓度分别为 2.16 kg/m^3、2.35 kg/m^{3}和 2.23 kg/m^3。

悬浮物浓度在实验装置中沿程变化如图 6-24 所示。由图中可知，人工鱼礁前方不同断面处悬浮物浓度逐渐增大，在后方 50 cm 处达到最大值，随后浓度逐渐降低。

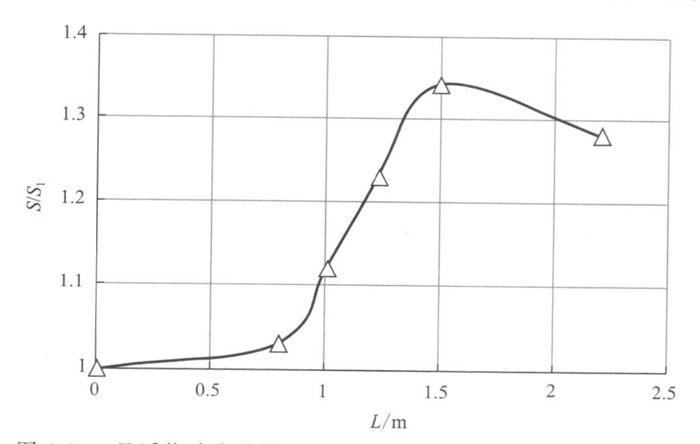

图 6-24　悬浮物浓度的沿程变化曲线（无盖，$U=0.4$ m/s、$\theta=0°$）

（2）迎流角 $\theta=45°$。

① 有盖的情况。在流速为 $U=0.4$ m/s 有盖人工鱼礁周围的泥沙冲刷情况如图 6-25 所示。由图中可知，人工鱼礁周围的底泥受到了不同程度的冲刷，在一定范围内形

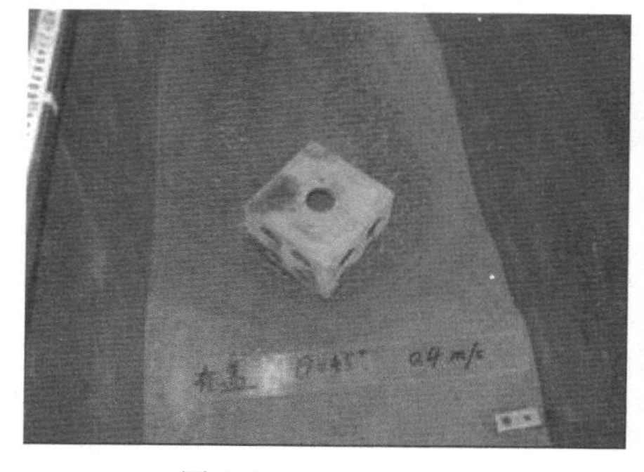

图 6-25　$U=0.4$ m/s、$\theta=0°$时有盖人工鱼礁周围泥沙的冲刷效果

成了冲刷坑，使鱼礁的物理稳定性受到了一定的影响。人工鱼礁的冲刷坑以其中心线为轴心，呈左、右对称的形状。经过对冲刷坑的测量可知，在流速为 0.4 m/s、鱼礁无盖的情况下，冲刷坑的最大深度为 $H=8.3$ cm，最大宽度为 $D=38.6$ cm，鱼礁前、后的高差为 $\Delta H=2.5$ cm。

由于人工鱼礁的周围受到了不同程度的冲刷，导致鱼礁周围水体中悬浮物的浓度发生不同程度的变化。在人工鱼礁前方 20 cm 和 80 cm 处悬浮物浓度分别为 1.92 kg/m^3 和 1.8 kg/m^3，在中心线处悬浮物浓度为 2.1 kg/m^3，在鱼礁的后方 20 cm、50 cm 和 110 cm 处悬浮物浓度分别为 2.28 kg/m^3、2.45 kg/m^3 和 2.34 kg/m^3。

实验装置中悬浮物浓度沿程变化如图 6-26 所示。由图中可知，人工鱼礁前方不同断面处悬浮物浓度逐渐增大，在后方 50 cm 处达到最大值，随后浓度逐渐降低。

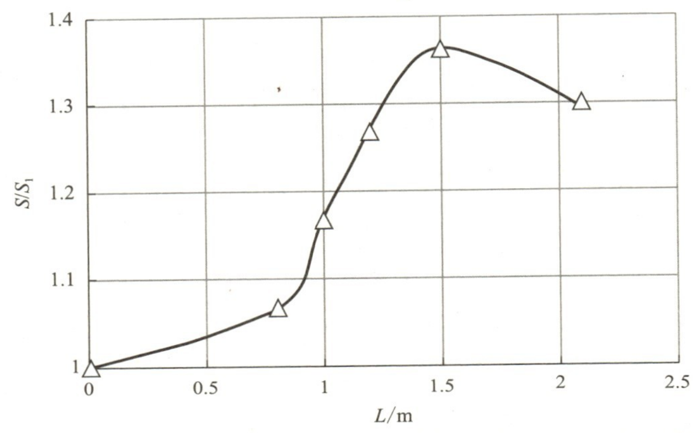

图 6-26　悬浮物浓度的沿程变化曲线(有盖，$U=0.4$ m/s、$\theta=45°$)

② 无盖的情况。在流速为 $U=0.4$ m/s 无盖人工鱼礁周围的泥沙冲刷情况如图 6-27 所示。由图中可知，人工鱼礁周围的底泥受到了不同程度的冲刷，在一定范围内形成了冲刷坑，使鱼礁的物理稳定性受到了一定的影响。人工鱼礁的冲刷坑以其中心线为轴心，呈左、右对称的形状。经过对冲刷坑的测量可知，在流速为 0.4 m/s、鱼礁无盖的情况下，冲刷坑的最大深度为 $H=8.1$ cm，最大宽度为 $D=38$ cm，鱼礁前、后的高差为 $\Delta H=3.8$ cm。

图 6-27　$U=0.4$ m/s、$\theta=45°$时无盖人工鱼礁周围泥沙的冲刷效果

由于人工鱼礁的周围受到了不同程度的冲刷，导致鱼礁周围水体中悬浮物的浓度发生不同程度的变化。在人工鱼礁的前方 20 cm 和 80 cm 处悬浮物浓度分别为 1.92 kg/m^3

和 1.8 kg/m³,在中心线处悬浮物浓度为 2.1 kg/m³,在鱼礁的后方 20 cm、50 cm 和 110 cm 处悬浮物浓度分别为 2.28 kg/m³、2.45 kg/m³ 和 2.34 kg/m³。

悬浮浓度在实验装置中沿程变化如图 6-28 所示。由图中可知,人工鱼礁前方不同断面处悬浮物浓度逐渐增大,在后方 50 cm 处达到最大值,随后浓度逐渐降低。

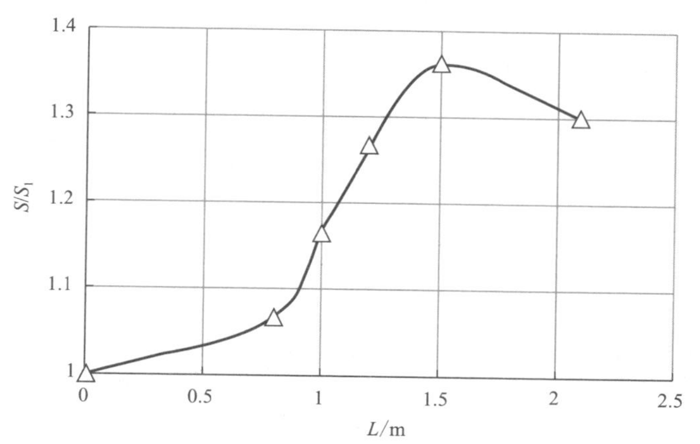

图 6-28　悬浮物浓度的沿程变化曲线(无盖,U=0.4 m/s、θ=45°)

6.4.4　流速为 0.5 m/s 时的冲刷效应

(1) 迎流角 θ=0°。

① 有盖的情况。在流速为 U=0.5 m/s 有盖人工鱼礁周围的泥沙冲刷情况如图 6-29 所示。由图中可知,人工鱼礁周围的底泥受到了不同程度的冲刷,在一定的范围内形成了冲刷坑,使鱼礁的物理稳定性受到了一定的影响。人工鱼礁的冲刷坑以其中心线为轴心,呈左、右对称的形状。经过对冲刷坑的测量可知,在流速为 0.4 m/s、鱼礁无盖的情况下,冲刷坑的最大深度为 H=10.5 cm,最大宽度为 D=42 cm,鱼礁前、后的高差为 ΔH=7.0 cm。

图 6-29　U=0.5 m/s、θ=0°有盖人工鱼礁周围泥沙的冲刷效果

由于人工鱼礁的周围受到了不同程度的冲刷,导致鱼礁周围水体中悬浮物的浓度发生不同程度的变化。在人工鱼礁的前方 20 cm 和 80 cm 处悬浮物浓度分别为 2.35 kg/m³ 和 2.15 kg/m³,在中心线处悬浮物浓度为 2.64 kg/m³,在鱼礁的后方 20 cm、50 cm 和 110 cm处悬浮物浓度分别为 2.75 kg/m³、2.94 kg/m³ 和 2.82 kg/m³。

悬浮浓度在实验装置中沿程变化如图 6-30 所示。由图中可知，人工鱼礁前方不同断面处悬浮物浓度逐渐增大，在后方 50 cm 处达到最大值，随后浓度逐渐降低。

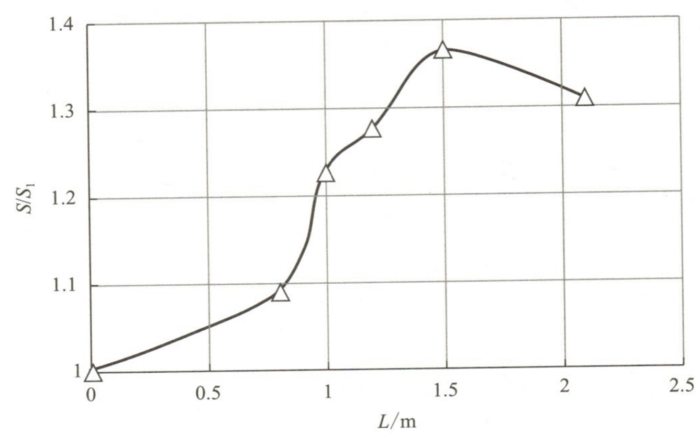

图 6-30　悬浮物浓度的沿程变化曲线（有盖，$U=0.5$ m/s、$\theta=0°$）

② 无盖的情况。在流速为 $U=0.5$ m/s 无盖人工鱼礁周围的泥沙冲刷情况如图 6-31 所示。由图中可知，人工鱼礁周围的底泥受到了不同程度的冲刷，在一定的范围内形成了冲刷坑，使鱼礁的物理稳定性受到了一定的影响。人工鱼礁的冲刷坑以其中心线为轴心，呈左、右对称的形状。经过对冲刷坑的测量可知，在流速为 0.5 m/s、鱼礁无盖的情况下，冲刷坑的最大深度为 $H=9.5$ cm，最大宽度为 $D=40$ cm，鱼礁前、后的高差为 $\Delta H=3.8$ cm。

图 6-31　$U=0.5$ m/s、$\theta=45°$时无盖人工鱼礁周围泥沙的冲刷效果图

由于人工鱼礁的周围受到了不同程度的冲刷，导致鱼礁周围水体中悬浮物的浓度发生不同程度的变化。在人工鱼礁的前方 20 cm 和 80 cm 处悬浮物浓度分别为 2.35 kg/m^3 和 2.15 kg/m^3，在中心线处悬浮物浓度为 2.64 kg/m^3，在鱼礁的后方 20 cm、50 cm 和 110 cm 处悬浮物浓度分别为 2.75 kg/m^3、2.94 kg/m^3 和 2.82 kg/m^3。

悬浮浓度在实验装置中沿程变化如图 6-32 所示。由图中可知，人工鱼礁前方不同断面处悬浮物浓度逐渐增大，在后方 50 cm 处达到最大值，随后浓度逐渐降低。

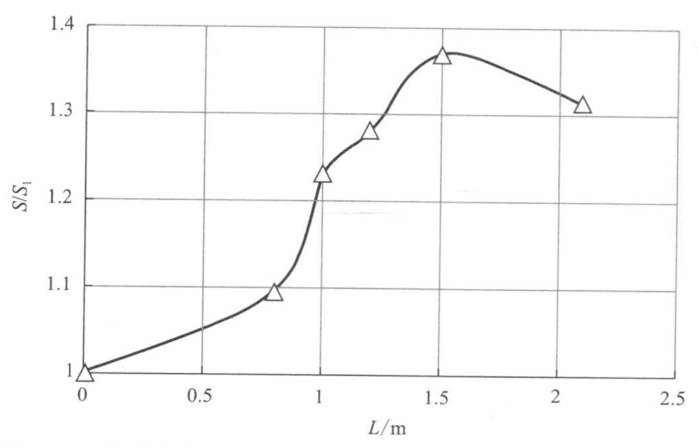

图 6-32　悬浮物浓度的沿程变化曲线(无盖,$U=0.5$ m/s、$\theta=0°$)

(2) 迎流角 $\theta=45°$。

① 有盖的情况。在流速为 $U=0.5$ m/s 有盖人工鱼礁周围的泥沙冲刷情况如图 6-33 所示。由图中可知,人工鱼礁周围的底泥受到了不同程度的冲刷,在一定的范围内形成了冲刷坑,使鱼礁的物理稳定性受到了一定的影响。人工鱼礁的冲刷坑以其中心线为轴心,呈左、右对称的形状。经过对冲刷坑的测量可知,在流速为 0.5 m/s、鱼礁无盖的情况下,冲刷坑的最大深度为 $H=12.6$ cm,最大宽度为 $D=46$ cm,鱼礁前、后的高差为 $\Delta H=4.2$ cm。

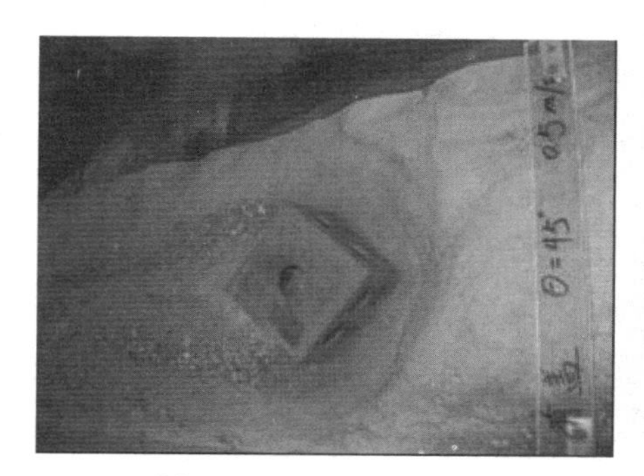

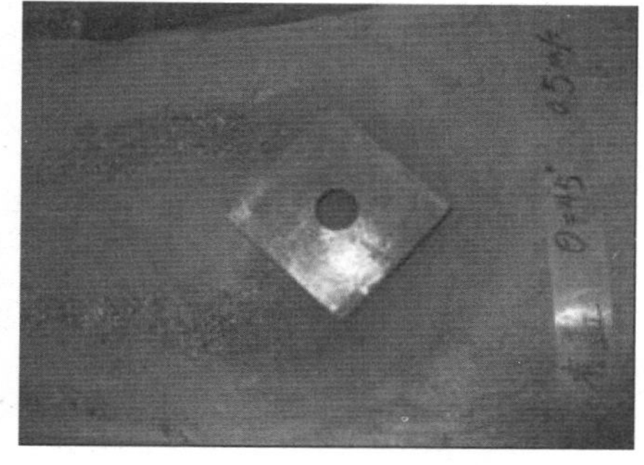

图 6-33　$U=0.5$ m/s、$\theta=45°$时有盖人工鱼礁周围泥沙的冲刷效果图

由于人工鱼礁的周围受到了不同程度的冲刷,导致鱼礁周围水体中悬浮物的浓度发生不同程度的变化。在人工鱼礁的前方 20 cm 和 80 cm 处悬浮物浓度分别为 2.64 kg/m^3 和 2.36 kg/m^3,在中心线处悬浮物浓度为 2.83 kg/m^3,在鱼礁的后方 20 cm、50 cm 和 110 cm 处悬浮物浓度分别为 3.08 kg/m^3、3.26 kg/m^3 和 3.14 kg/m^3。

悬浮浓度在实验装置中沿程变化如图 6-34 所示。由图中可知,人工鱼礁前方不同断面处悬浮物浓度逐渐增大,在后方 50 cm 处达到最大值,随后浓度逐渐降低。

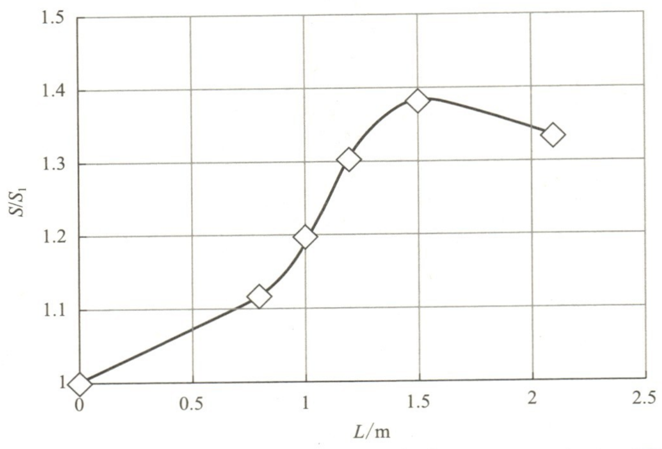

图 6-34　悬浮物浓度的沿程变化曲线(有盖, $U=0.5$ m/s、$\theta=45°$)

② 无盖的情况。在流速为 $U=0.5$ m/s 无盖人工鱼礁周围的泥沙冲刷情况如图 6-35 所示。由图中可知,人工鱼礁周围的底泥受到了不同程度的冲刷,在一定的范围内形成了冲刷坑,使鱼礁的物理稳定性受到了一定的影响。人工鱼礁的冲刷坑以其中心线为轴心,呈左、右对称的形状。经过对冲刷坑的测量可知,在流速为 0.5 m/s、鱼礁无盖的情况下,冲刷坑的最大深度为 $H=12$ cm,最大宽度为 $D=44$ cm,鱼礁前、后的高差为 $\Delta H=0.5$ cm。

图 6-35　$U=0.5$ m/s、$\theta=45°$时无盖人工鱼礁周围泥沙的冲刷效果图

由于人工鱼礁的周围受到了不同程度的冲刷,导致鱼礁周围水体中悬浮物的浓度发生不同程度的变化。在人工鱼礁的前方 20 cm 和 80 cm 处悬浮物浓度分别为 2.64 kg/m^3 和 2.36 kg/m^3,在中心线处悬浮物浓度为 2.83 kg/m^3,在鱼礁的后方 20 cm、50 cm 和 110 cm 处悬浮物浓度分别为 3.08 kg/m^3、3.26 kg/m^3 和 3.14 kg/m^3。

悬浮浓度在实验装置中沿程变化如图 6-36 所示。由图中知,人工鱼礁前方不同断面处悬浮物浓度逐渐增大,在后方 50 cm 处达到最大值,随后浓度逐渐降低。

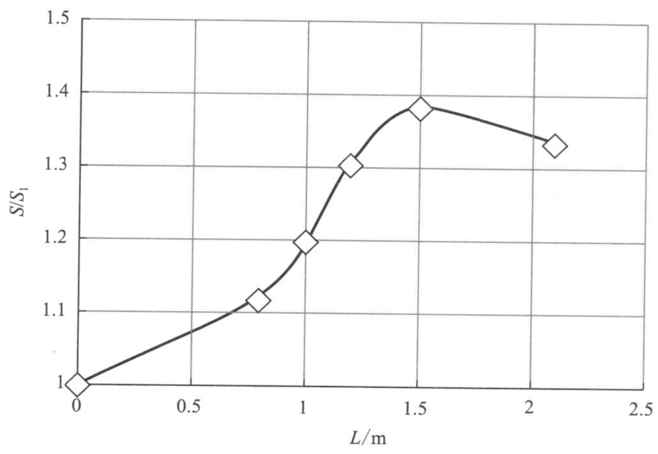

图 6-36　悬浮物浓度的沿程变化曲线(无盖,$U=0.5$ m/s、$\theta=45°$)

6.4.5　不同工况下阻力系数和雷诺数的关系

由表 6-2 可知,人工鱼礁在有盖或无盖的情况下,随着流速的增加,雷诺数是逐渐增加的,但是阻力系数趋于递减的趋势。其中,在相同流速和迎流角度的情况下,有盖礁体的阻力系数比无盖礁体的阻力系数要大;对于同一人工鱼礁礁体,在相同的流速下,迎流角度为 0°比迎流角度为 45°的阻力系数要大。

表 6-2　16 种工况下人工鱼礁的阻力系数与雷诺数

来流流速	迎流角度 θ	鱼礁工况	阻力系数	雷诺数
0.2 m/s	0°	有盖	2.718	26 316
		无盖	2.446	
	45°	有盖	2.407	
		无盖	2.215	
0.3 m/s	0°	有盖	1.389	39 474
		无盖	1.268	
	45°	有盖	1.198	
		无盖	1.113	
0.4 m/s	0°	有盖	1.155	52 632
		无盖	1.087	
	45°	有盖	0.915	
		无盖	0.843	
0.5 m/s	0°	有盖	1.022	65 789
		无盖	0.957	
	45°	有盖	0.770	
		无盖	0.739	

6.5 本章小结

由试验研究与分析可得如下几点结论。

(1) 通过冲刷试验可知，鱼礁周围受冲刷程度是与水流速度密切相关的。随着水流速度逐渐增大，冲坑深度和冲坑宽度也是不断地增加。

(2) 在同一水流速度的情况下，有盖的人工鱼礁周围受冲刷的程度比无盖的人工鱼礁要大。

(3) 鱼礁周围的水中悬浮物的浓度随着水流速度的增大而逐渐增大。但是，在同一流速的情况下，有盖鱼礁和无盖鱼礁周围水体中悬浮物浓度基本一致。

(4) 人工鱼礁在有盖或无盖的情况下，随着流速的增加雷诺数是逐渐增加的，但是阻力系数趋于递减的趋势。其中，在相同流速和迎流角度的情况下，有盖的礁体的阻力系数比无盖的礁体的阻力系数要大；对于同一人工鱼礁礁体，在相同的流速下，迎流角度为0°时比迎流角度为45°时的阻力系数要大。

第7章 >>>

人工鱼礁对鱼类诱集效果的试验研究

7.1 概述

鱼礁投放到海上退役平台造礁区后，使周围海域的流、光、音、底质等非生物环境发生变化，这种变化又引起生物环境的变化，使水生生物量增大，从而形成良好的渔场或增养殖场。

生态学研究表明，鱼类都具有避敌的本能。低营养级种类的幼体都随时有被吞食的可能，因此，鱼类的行动除了摄食以外，还时刻注意着栖息避敌环境。海上退役平台造礁区鱼礁的设置为鱼类建造了良好的“居室”。许多鱼类选择了礁体及其附近作为暂时停留或长久栖息的地点，礁区就成了这些种类的鱼群密集区。对于营养层较高的凶猛鱼类，自然也会进入礁区摄食，于是形成小型的生态系。研究自然海域生长的鱼类对鱼礁的行为反应，找出它们之间的内在联系，从而选择更适宜鱼类聚集与栖息的鱼礁类型，是海上退役平台造礁区鱼礁建设中一个不可缺少的重要环节。国内外对鱼礁集鱼效果的研究主要是通过海上资源调查和潜水观察等方式进行的，而通过模型试验来研究海上退役平台造礁区鱼礁对主要礁性鱼类行为影响和诱集效果的相关报道在国内研究较少，尤其是有关个体鱼对礁体行为及鱼礁诱集效果的研究更少。

本章研究主要采用实验行为学的方法，以黑头鱼(Alepocephalus)为研究对象，通过观察其对不同形状鱼礁的行为，比较和分析鱼礁模型的集鱼效果，为海上退役平台造礁区鱼礁的设计和实际海域鱼礁效果及生态效应的评价提供参考。

7.2 试验材料及装置

7.2.1 材料

本试验所选用的鱼和海水来自青岛沙子口附近海域。试验用鱼为黑头鱼，体长为 8.2 ±0.5 cm。试验期间，水温为 10 ℃～16 ℃，盐度为 32.8～33，pH 为 7.9～8.1，水深为 40 cm，水槽中央照度白天为 20～25 lx(自然光，室内用布遮挡)，夜晚光照为 0。

7.2.2 装置

试验装置用玻璃水槽厚度为 12 mm，体积为 120 cm×52 cm×50 cm。模型鱼礁分别为正方体（15 cm×15 cm×15 cm）、正三棱锥（15 cm×15 cm×15 cm）两种类型。每种类型根据其表面开孔（$d=4$ cm）和开框（内框大小为 10 cm×10 cm 和 10 cm×10 cm×10 cm）情况，又分为有孔礁和开框礁两种。如图 7-1 所示。

（a）正方体有孔礁

（b）正方体开框礁

（c）正三棱锥有孔礁

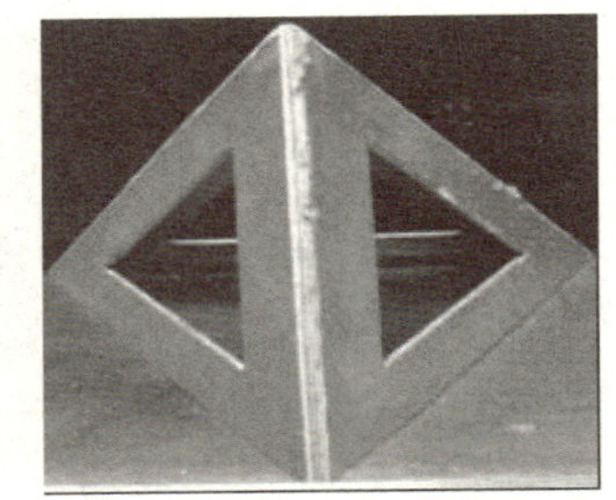
（d）正三棱锥开框礁

（e）正方体无盖有孔礁

图 7-1 PVC 材质的模型礁

7.3 试验方法

通过预实验发现，黑头鱼喜欢栖息在水槽边缘和水槽角落区域。本实验将水槽划分为不同的区域，来定量分析模型礁及水槽边缘效应对鱼类分布规律的影响。

实验前，用白色胶带在水槽底部标志出 10 个区域，并在水槽底部的最中部取一鱼礁标志区（15 cm×15 cm），如图 7-2 所示。水槽周围用蓝布包围，与水槽颜色保持一致，并减少外界影响。本实验取 20 尾黑头鱼作为试验用鱼进行实验。每个试验的第 1 天为未放置模型鱼礁的本底试验，之后放置一种鱼礁模型。试验期间，每天从早上 8:00 至 22:00 每隔 1h 记录黑头鱼在水槽中的位置，连续观察在有模型礁和无模型礁情况下试验鱼的行为反应，比较其不同点。试验期间用养鱼泵连续充气供氧。四种鱼礁模型的试验工作现场如图 7-3 所示。

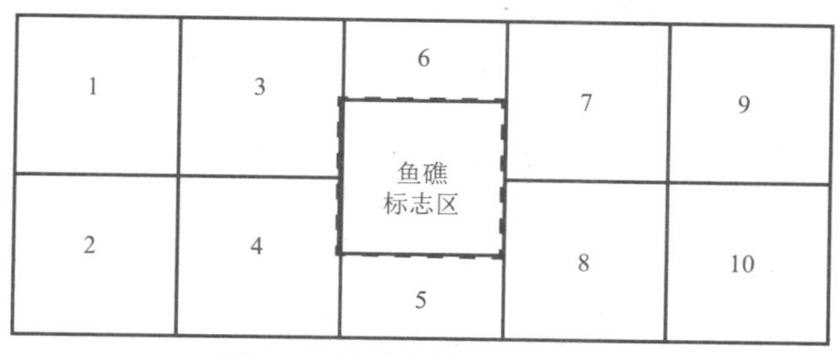

图 7-2　试验水槽底部示意图

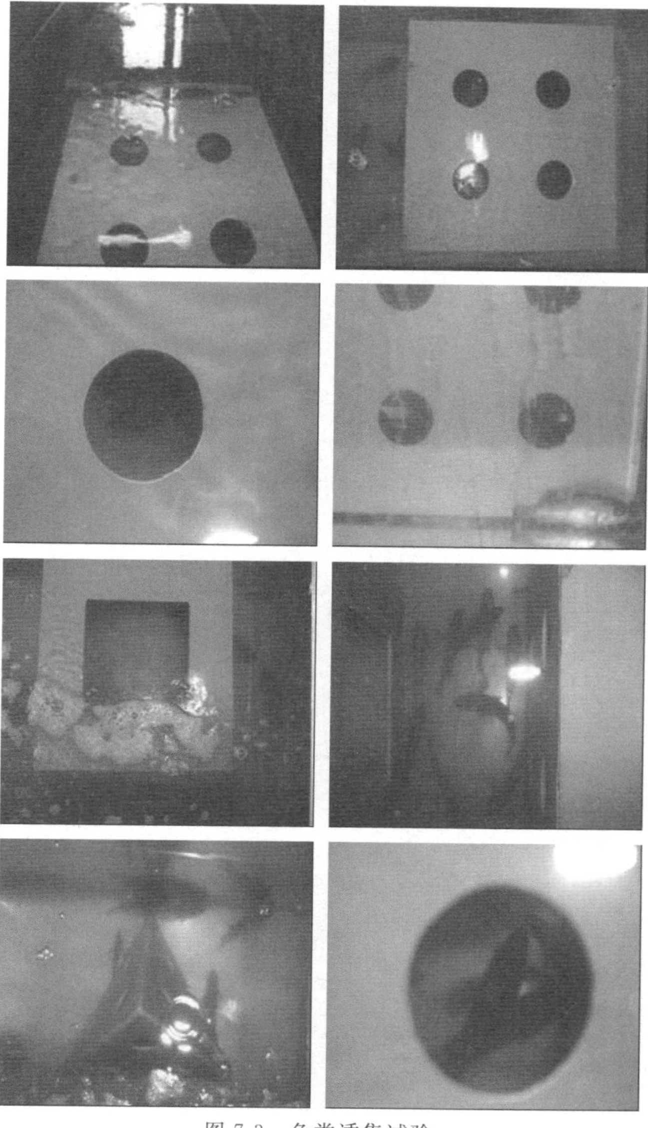

图 7-3　鱼类诱集试验

7.4 试验结果与分析

7.4.1 黑头鱼的分布规律

在对试验鱼的行为观察中发现，黑头鱼在水中有集群栖息的生活习性，并且喜欢在光线较弱的阴影区域活动。在空白试验的研究中，由于在水槽中未放入模型鱼礁时，大多数黑头鱼喜欢栖息在水槽的边缘，游动不频繁，游动时常有相随现象。随后，当模型鱼礁放入水槽后，黑头鱼对礁体起初具有一定的排斥性，经过 1～2 个小时适应后，黑头鱼在模型礁周围的活动变得频繁，开始聚集在鱼礁标志区以及模型礁的内部，有的试验鱼则趴在礁体周围，但是在礁体上部没有出现黑头鱼附着的现象，均是钻入礁体内部或者围绕在礁体边缘的光线较弱区域。受外界干扰后，部分黑头鱼会躲入礁体内。

7.4.2 无礁对照试验的聚鱼效果

图 7-4 为无鱼礁背景试验时黑头鱼在各区的平均分布率。由图 7-4 可知，没有放置鱼礁模型时，黑头鱼均匀分布在水槽中，在水槽两侧边缘的阴影区分布率明显地高于其他区域。在 1 区、2 区、8 区、9 区和 10 区的分布率超过了 10%，其中，9 区的分布率超过了 15%，只有 5 区的分布率低于 5%。无礁对照试验的结果表明，黑头鱼喜欢栖息在比较暗、背离光源的区域。

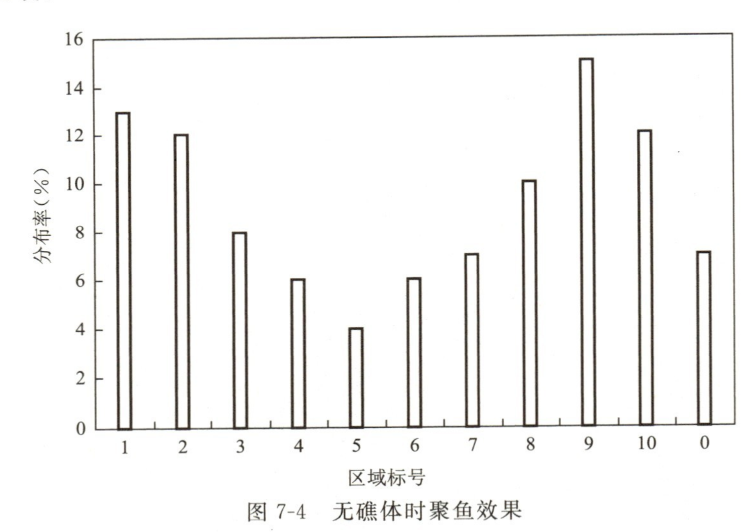

图 7-4 无礁体时聚鱼效果

7.4.3 正方体有孔礁的聚鱼效果

图 7-5 为正方体有孔礁体试验时黑头鱼在各区的平均分布率。与无礁试验相比，放入正方体有孔礁后黑头鱼在鱼礁区的平均出现率大幅度增加，高达 29%，除了 7 区和 8 区的黑头鱼分布率有从空白的 7%、10%增加到 8%和 12%外，其他区域的分布率均有所下降。其中，1 区、2 区、9 区和 10 区的下降幅度较大。

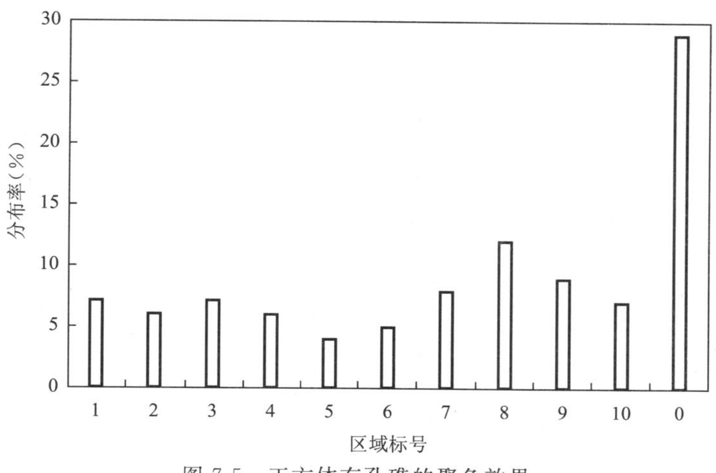

图 7-5　正方体有孔礁的聚鱼效果

7.4.4　正方体有框礁的聚鱼效果

图 7-6 为正方体有框礁试验时黑头鱼在各区的平均分布率。放入正方体有框礁后黑头鱼在鱼礁区的平均出现率为 18%，与无礁实验相比，增加了 11%。由于有框礁的正方形孔尺寸比有孔礁的圆孔尺寸大，背离光源的区域相对较小，使其与正方体有孔礁相比，聚鱼效果降低了 9%，但是在 1 区、2 区、9 区和 10 区的聚集效果相对较高。

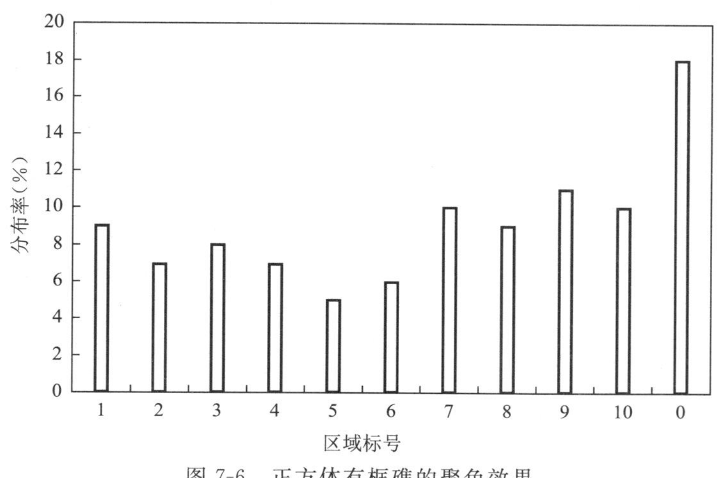

图 7-6　正方体有框礁的聚鱼效果

7.4.5　正三棱锥有孔礁的聚鱼效果

图 7-7 为正三棱锥有孔礁试验时黑头鱼在各区的平均分布率。由图 7-7 可知，放入正三棱锥有孔礁后黑头鱼在鱼礁区的平均出现率为 20%，与无礁实验相比，聚鱼效果增加了 13%；但比正方体有孔礁的聚鱼效果相比，聚鱼效果降低了 9%。

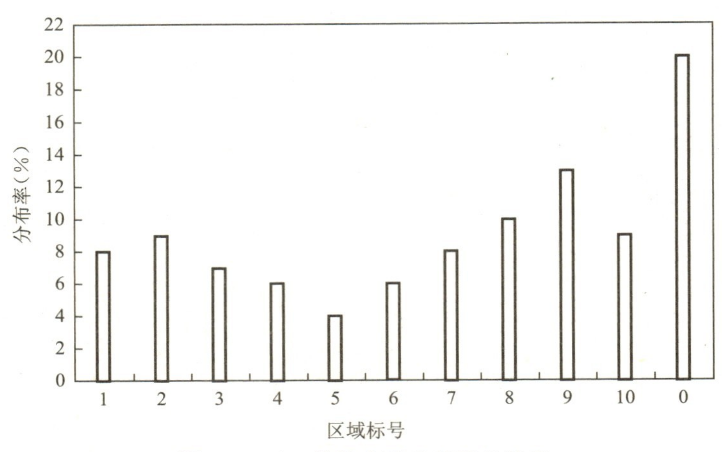

图 7-7　正三棱锥有孔礁的聚鱼效果

7.4.6　正三棱锥有框礁的聚鱼效果

图 7-8 为正三棱锥有框礁试验时黑头鱼在各区的平均分布率。由图 7-8 可知，放入正三棱锥有框礁后黑头鱼在鱼礁区的平均出现率为 16%，与无礁实验相比，聚鱼效果增加了 9%；但与正方体有孔礁、正方体有框礁、三棱锥有孔礁相比分别减少了 13%、2%和 4%。

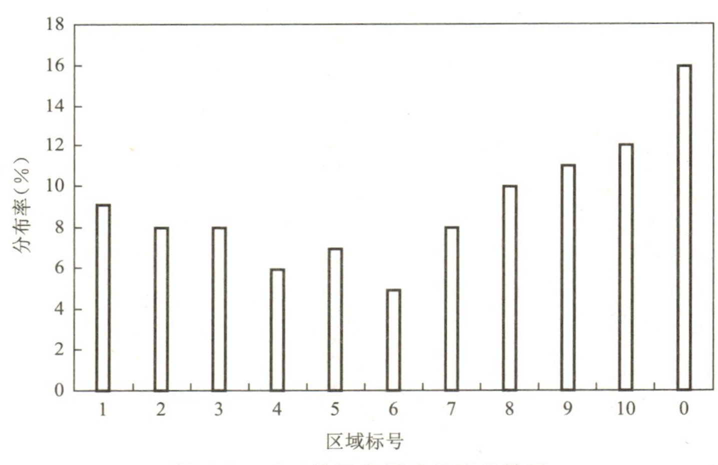

图 7-8　正三棱锥有框礁的聚鱼效果

7.4.7　无盖正方体有孔礁的聚鱼效果

图 7-9 为无盖正方体有孔礁试验时黑头鱼在各区的平均分布率。由图 7-9 可知，放入无盖正方体有孔礁后黑头鱼在鱼礁区的平均出现率为 21%，与正方体有孔礁实验相比，聚鱼效果降低了 8%；但与正方体有框礁、三棱锥有孔礁和三棱锥有框礁相比分别增加了 3%、1%和 5%。

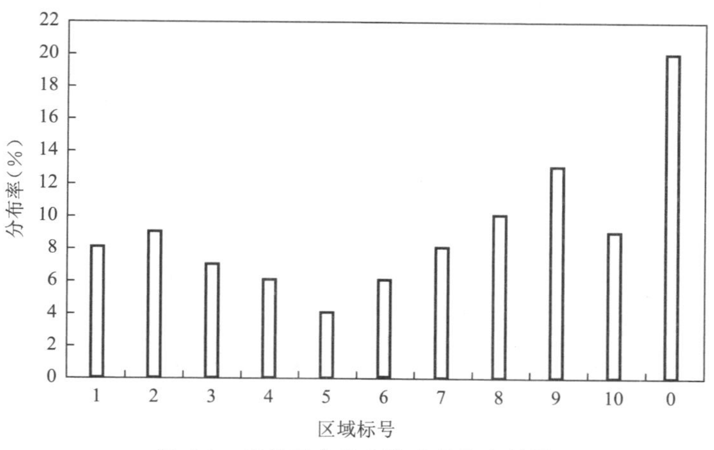

图 7-9　无盖正方体有孔礁的聚鱼效果

7.5　本章小结

本章通过对研究海域水体环境和生态系统的调查，探讨了海上示范区人工鱼礁的环境生态效应，得到的主要结论如下。

(1) 在未投放礁体模型时，黑头鱼在水槽中的分布比较均匀，且相对而言，水槽两侧边缘的阴影区分布率较高，都超过了 10%，表明黑头鱼的生活习性为喜欢栖息在比较暗、背离光源的区域。

(2) 在有礁体存在的情况下，鱼礁标志区的试验鱼聚集率远高于无礁体存在情况下的聚鱼率，最大差别达到 29%，说明模型礁的聚鱼效果显著好于无礁体存在情况。

(3) 对于同一形状的礁体，有孔礁体比有框鱼礁具有更好的聚鱼效果；而对于不同形状的礁体，正方体礁体的聚鱼效果比三棱柱礁体的聚鱼效果好。5 种不同结构、不同形状的模型礁中，正方体有盖有孔人工鱼礁对黑头渔具有显著的诱集作用。

第 8 章 >>>

埕岛油田退役平台造礁示范工程研究

本研究选择埕岛油田海上生产设施所在区域作为生态修复示范区，通过现场示范工程，研究了人工鱼礁的环境恢复方案的实施过程和实施效果（渔业增殖、生态修复）；通过对示范工程的施工作业实践和实施效果的分析评价，为后续海上退役油区生产设施的处置提供指导，为中国海上退役油区建立一套科学、实用、操作性强的平台造礁技术提供科学依据。

8.1 研究区环境调查与评价

8.1.1 研究区概况

埕岛油田位于中国山东省东营市河口区北、渤海湾西南部的极浅海海域，是中国建成的第一个 200 万吨级的浅海大型油田，平均水深为 1.5～20 m。该海区原为黄河入海口，后经黄河口多次转移改道，经历了海侵与海退和黄河三角洲进积与蚀退的交替反复过程，是世界上海洋工程环境最复杂的区域之一[151]。根据山东省人民政府 2016 年公布的《山东省海洋功能区划》（附录 K），埕岛油田平台造礁示范区属于海洋捕捞区、油气区、浅海养殖区。该海域内没有航道、港区、锚地、通航密集区、军事禁区，且投礁区域没有海底管道分布。本书中的研究对象 CB6A 平台位于埕岛油田退役油区，具体位置见图 8-1。

8.1.2 水质调查与评价

本研究于 2011 年 8 月在拟建鱼礁群地区周边布置 2 个监测站点（见图 8-2），用于调查平台所在海域的水质情况。Y1 站点分别采集了表层与底层水样；Y2 站点只采集底层水样。监测项目包括 pH、溶解氧、化学耗氧量、石油类、磷酸盐、氨氮、亚硝氮、硝氮、氧化-还原电位等。样品的采集、保存、运输和分析均按照《海洋监测规范（海水分析）》（GB 17378.4—2007）和《海洋调查规范》（GB/T 12763—2007）中的规定执行。海水水质调查分析方法和结果分别见表 8-1 和表 8-2。另外，对该海域水深也进行了调查，发现 CB6A 井场水深分布在 13.1～16.5 m 之间，平台所在区域水深较深，尤其是井口区域，水深达 16.5 m。

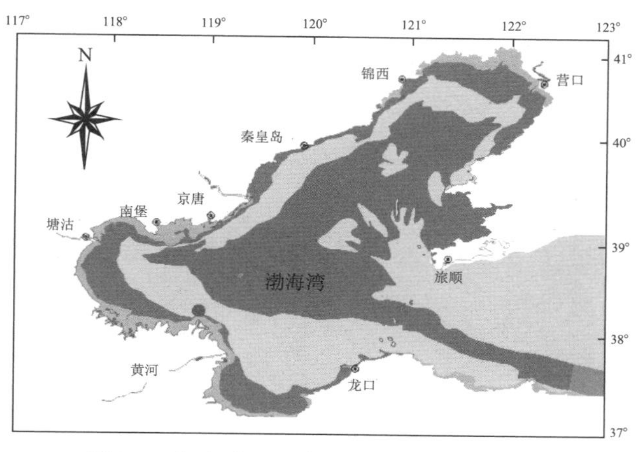

图 8-1　埕岛油田平台造礁示范区地理位置

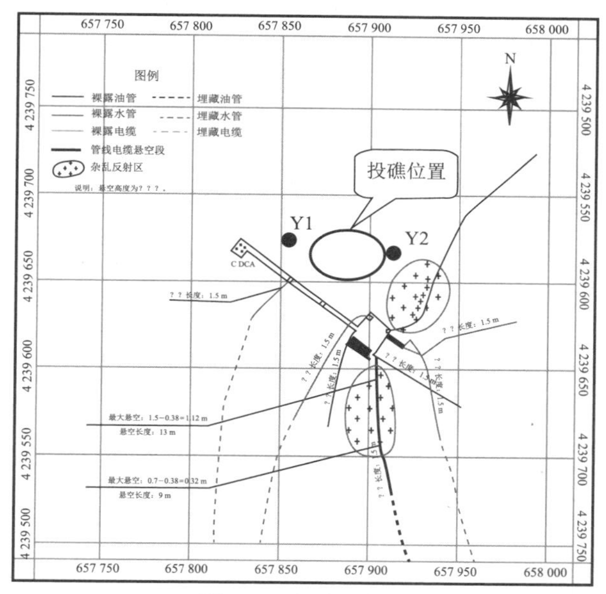

图 8-2　监测站点图

表 8-1　海水水质调查项目分析方法一览表

监测项目	分析方法	检出限(mg/L)	引用标准
pH	pH 计法		GB 17378.4—2007
COD	碱性高锰酸钾法	0.15	GB 17378.4—2007
DO	碘量法	0.042	GB 17378.4—2007
油类	紫外分光光度法	3.5×10^{-3}	GB 17378.4—2007
氨	次溴酸盐氧化法	0.4×10^{-3}	GB 17378.4—2007
亚硝酸氮	萘乙二胺分光光度法	0.5×10^{-3}	GB 17378.4—2007
硝酸氮	锌-镉还原法	0.7×10^{-3}	GB 17378.4—2007
活性磷酸盐	磷钼蓝分光光度法	0.62×10^{-3}	GB 17378.4—2007

续表

监测项目	分析方法	检出限(mg/L)	引用标准
氧化一还原电位	电极法		GB 17378.4—2007
盐度	盐度计法		GB 17378.4—2007

表 8-2 水质监测结果

监测点 / 监测因子	Y1		Y2 底层
	表层	底层	
磷酸盐(mg/L)	0.009 72	0.005 67	0.017 81
亚硝氮(mg/L)	0.057 4	0.058 6	0.057 5
硝氮(mg/L)	0.096 9	0.199 4	0.188 5
氨氮(mg/L)	0.048 5	0.034 3	0.002 1
溶解氧(mg/L)	4.31	4.91	5.05
化学需氧量(mg/L)	1.21	1.06	1.20
石油量(mg/L)	0.026	0.025	0.025
盐度	31.6	31.5	31.5
pH	8.07	8.04	8.12
氧化-还原电位/mv	241	300	244

注:水温为 25.3℃。

根据《海水水质标准》(GB3097—1997)中的Ⅱ类水质标准,采用单因子标准指数法对水质现状进行评价。水质评价结果见表 8-3(标准指数评价表)。由表 8-3 可以看出,磷酸盐、总氮、化学需氧量、石油类的标准指数均小于 1,满足《海水水质标准》的Ⅱ类标准,仅溶解氧不满足Ⅱ类标准。

表 8-3 水质评价结果

监测点 / 监测因子	Y1		Y2 底层
	表层	底层	
磷酸盐(0.030 mg/L)	0.324	0.189	0.594
总氮(0.30 mg/L)	0.676	0.974	0.827
溶解氧(5 mg/L)	2.240	1.160	0.974
化学需氧量(3 mg/L)	0.403	0.353	0.400
石油量(0.05 mg/L)	0.520	0.500	0.500
pH(7.8~8.5)	0.229	0.314	0.086

8.1.3 沉积物调查与分析

8.1.3.1 沉积物剖面岩性分析

本研究于 2011 年 2 月对 CB6A 平台附近 15 米长原柱状样品进行了分析,结果见表 8-4。

表 8-4　CB6A 钻孔土层分布情况

层号	岩土名称	分层深度(m)	地质描述	标贯
①1	粉土	0.00～2.05	褐黄色,很湿,中密～密实。含少量砂粒。切面粗糙,干强度低,韧性低,中等压缩性	1.75～2.05　10
①2	淤泥质粉质黏土	2.05～5.40	浅灰色,流塑。偶见贝壳,局部黏粒含量高。干强度中等,韧性中等,摇震反应中等	3.75～4.05　5
①3	粉质黏土	5.40～6.30	浅灰色～黄灰色,软塑,含少量贝壳碎屑。干强度中等,韧性中等,高压缩性	5.60～5.90　6
①4	粉质黏土	6.30～9.40	浅灰色,软塑,含少量贝壳碎屑。干强度中等,韧性中等,中等压缩性	8.10～8.40　7
①5	粉土	9.40～11.35	褐黄色,很湿,中密～密实。含少量砂粒。切面粗糙,干强度低,韧性低,中等压缩性	11.05～11.35　15
②1	粉砂	11.35～15.00 未揭穿	浅灰色,饱和,中密,偶见贝壳。成分以石英、长石为主	13.15～13.45　17 14.60～14.90　23

8.1.3.2　沉积物理化性质分析

由潜水员下水采集 CB6A 平台附近表层沉积物样品,沉积物的理化分析结果见表 8-5。CB6A 平台附近的表层沉积物以粉质黏土为主;表层沉积物中总磷的含量为 522.57 mg/kg。结合埕岛油田区的工程地质资料,CB6A 平台周边的底质承载力可以满足鱼礁建设中海底表面承载力≥4 t/m² 的要求。

表 8-5　表层沉积物理化分析结果

项目	粒度分析			总磷含量
	0.25～0.075	0.075～0.005	<0.005	
表层沉积物	1.5%	80.6%	17.9%	522.57 mg/kg

8.1.4　研究区生态调查

投礁前,对 CB6A 平台周边的鱼类集聚以及平台桩腿的藻类附生情况进行了调查。调查结果显示,在平台周边有大群的扁颌针鱼(*Ablennes anastomella*)集聚(图 8-3);桩腿上附生了大量的藻类及甲壳类海生物[藤壶(*Balanus sp.*)](图 8-4)。这表明平台在海洋中长时间地运行,在其周边已形成相对稳定的生态系统。

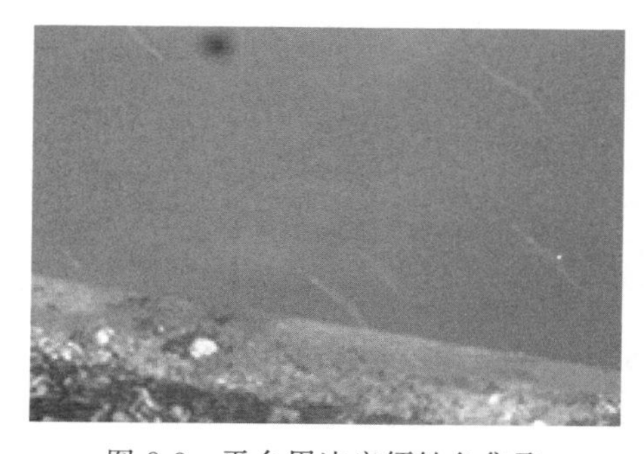
图 8-3　平台周边扁颌针鱼集聚

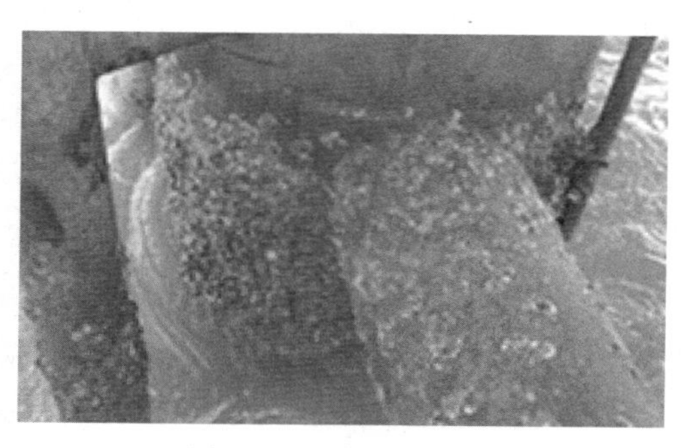
图 8-4　平台藤壶附生

8.2 埕岛平台造礁工程适应性评价和建设

8.2.1 礁址适宜性评价

通过以上的区域自然环境调查和CB6A平台的海洋环境调查,参照选址原则对CB6A海域的建礁可行性进行分析评价。

(1) 埕岛油田海域的海底整体地势较平缓,海区地层主要为灰色三角洲冲积相亚黏土(CB6A平台周边沉积物表层主要为粉质黏土),结构较密实,具有一定的强度和承载力,海底表面承载力约为10 t/m^2,可以满足人工鱼礁建设区域的海底表面承载力≥4 t/m^{2}的要求。

(2) 经水质调查评价,埕岛油田海域的水质满足国家海水水质标准的二类标准,各项水质指标基本符合人工鱼礁建设的《渔业水质标准》(附录L)要求。

(3) 该海域≥6级的大风日数年均为92.8 d,满足人工鱼礁建设中要求礁区的年大风(≥6级)天数≤160 d的要求。

(4) 埕岛油田海域的水流交换通畅,实测最大表层流速为1.14 m/s,最大实测底层流速为0.81 m/s,满足人工鱼礁建设区域流速≤1 500 mm/s的要求。

(5) CB6A井场水深分布在13.1～16.5 m之间,满足鱼礁建设的水深要求。

(6) 埕岛海域有洄游性种类和近距离移动鱼类近80种,满足鱼礁建设海区需有地方性、岩礁性鱼类栖息或者有洄游性鱼类按季节通过的要求。CB6A平台周围有大量鱼类集聚。

综上所述,CB6A的本底条件、环境条件和渔业经济条件基本满足人工鱼礁的选址要求,因此CB6A平台栈桥北海域适合人工鱼礁的建设。

8.2.2 平台造礁总体布局

在进行鱼礁设计和加工之前,首先根据示范区的海洋环境情况,对平台造礁的总体布局进行设计。

埕岛油田退役平台造礁的总体布局为:将海上退役平台废弃结构作为人工鱼礁的中心框架,在其外围布设钢筋混凝土鱼礁单体、石块以及废弃混凝土构造物;将废弃平台结构与单位鱼礁组合成为鱼礁群,并沿各独立平台之间的栈桥走向使各鱼礁群形成小型的鱼礁带。具体布设方案如下:

(1) 首先将石块和废弃混凝土构造物投放在平台造礁示范区底层;

(2) 在退役平台外围,先布设立方体框架式钢筋混凝土鱼礁单体,且与退役平台之间留出2个管状钢筋混凝土鱼礁单体的间隔;

(3) 在退役平台与立方体型框架式钢筋混凝土鱼礁单体之间,投放管状钢筋混凝土鱼礁单体,使其呈带状环绕于退役平台外侧。

8.2.3 鱼礁的设计与加工

经过前期调研后,在掌握设计依据的基础上,最终确定以方型礁与管状礁作为主要的礁体型式。礁体设计草图完成后,进行了鱼礁模型制作和模拟实验,经检验符合方案要求后,确定了方型礁与管状礁的具体设计方案。

(1) 方形钢筋混凝土鱼礁单体。方形钢筋混凝土鱼礁单体的形状和尺寸见图8-5。外边缘尺寸为长×宽×高=1 000 mm×1 000 mm×1 000 mm，每个面内部的正方形边长尺寸均为 600 mm，混凝土厚度为 100 mm。本项目共需要立方体钢筋混凝土鱼礁单体 350 个，且符合以下材料要求：

1）礁体内钢筋直径为 6.5 mm 以上，各层钢筋编制，整体相连确保牢固；

2）水泥标号在 425＃以上；

3）沙应为粗沙粒，不含有泥土，从而应防止影响铸体强度；

4）石子每块大小为 1～3 cm；

5）混凝土比例如下：水泥∶沙子∶石子=1∶2∶3；

6）混凝土的强度要求达到 C25 以上。

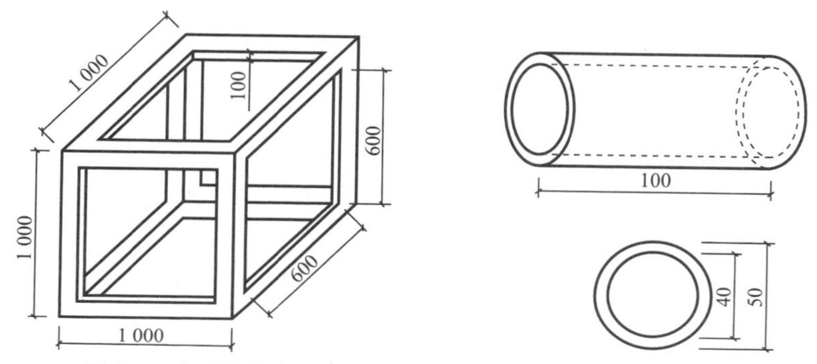

图 8-5　方形和管状钢筋混凝土鱼礁单体示意图(单位：mm)

（2）管状鱼礁单体。管状鱼礁单体的长度为 100 cm，外径为 50 cm。礁体结构如图 8-5 所示。本项目共需要管状鱼礁单体 2350 根。管状鱼礁单体的材料要求中除了第一条为"礁体内钢丝直径为 3～5 mm"，其他要求均与方型礁相同。

另外，还利用废弃石料制作了总体积约为 120 m^3 的石块鱼礁，选用单个体积较大的石块(或者混凝土构件)，且每个石块重量在 100 kg 以上。

按照各类鱼礁单体的加工要求进行鱼礁加工，并对各类鱼礁单体进行了质量检验和验收，发现鱼礁的外观、尺寸、钢筋配置等基本满足设计要求。其具体实物图见图 8-6、图 8-8。

图 8-6　方形礁体

图 8-7　管状礁体

图 8-8　辅助鱼礁礁体

8.2.4　鱼礁投放

鱼礁投放于 2011 年 8 月 3—5 日进行，中国海洋大学、山东海盛海洋工程集团有限公司建安公司的相关人员参加了投礁作业。

（1）采用海发 3 号与一艘双体船配合运输鱼礁，并进行鱼礁投放；

（2）根据海流的方向确定船舶甲板两侧堆放鱼礁的投礁时间；

（3）方形礁以吊装方式抛放，管状礁与水泥板采用吊装与人工配合法投放；

（4）投礁中采用 Q5 型高精度 G2S-GPS 对鱼礁投放点进行定位。两个主要投礁点的坐标如下：

C1 点：纬度 38°16′32.37601″，经度 118°48′18.50281″；

C2 点：纬度 38°16′32.30641″，经度 118°48′18.42181″。

投礁过程的部分图片见图 8-9 至图 8-12。

图 8-9　鱼礁装船

图 8-10　方形、管状礁装船

图 8-11　海发 3 号到达投礁区

图 8-12　方形礁吊装投放

8.3　平台造礁示范工程环境效应研究

8.3.1　示范工程礁体稳定性分析

鱼礁的稳定性是鱼礁工程的设计、施工、效果评估等方面重点关注的内容，而堆垒礁的稳定性是影响平台改建鱼礁工程生态效应的关键因素。在 CB6A 平台区示范工程实施后的第 1 个月、第 2 个月、第 15 个月时分别采用声呐扫海测量、多波束探测、声呐探测等方式对鱼礁群的稳定性进行了调查。

8.3.1.1　声呐扫海测量

为了查明鱼礁区的具体位置及分布范围，2011 年 9 月 5 日对鱼礁区进行了声呐扫海测量。调查范围为 CB6A 平台栈桥东北侧 150 m×300 m 的区域。主要调查设备为美国 EdgeTech 公司生产的 EdgeTech4200-MP 侧扫声呐系统、美国 Trimble 公司生产的 SPS351 DGPS 信标接收机。本次调查共布置 7 条测线，线长均为 300 m，线间距均为 20 m，测线布设见图 8-13。

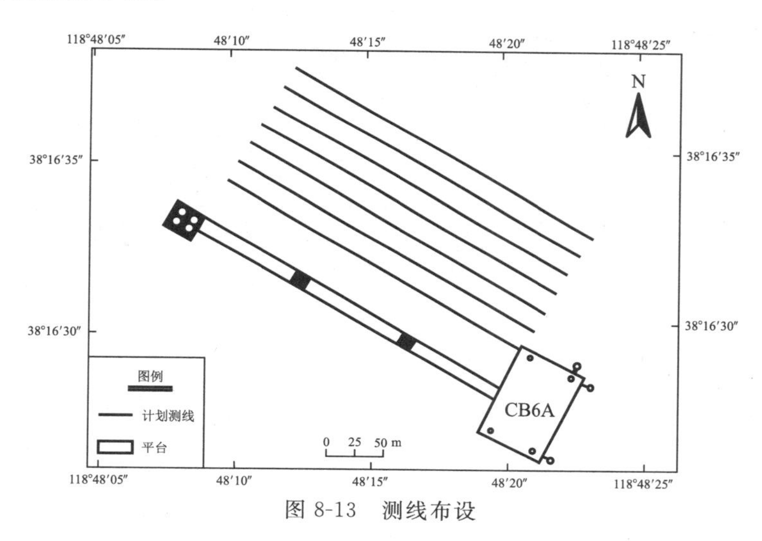

图 8-13　测线布设

CB6A 井场区人工鱼礁的具体分布位置及范围如图 8-14 所示，其典型声呐地貌特征图像如图 8-15 所示。侧扫声呐调查结果显示，CB6A 井场区人工鱼礁主要呈“堆块状”或“管状”集中分布在平台栈桥中央的东北侧位置，分布范围为 60 m×60 m 见方的区域。

8.3.1.2　多波束探测

2011 年 10 月 22 日(鱼礁建成 2 个月)对鱼礁区进行了多波束测深，目的是测量鱼礁区水深，并将测量结果与投礁前(2011 年 2 月 15 日)测深结果进行对比，计算鱼礁区鱼礁高度。主要调查设备为 R2sonic 2022 多波束测深系统。

多波束测深结果见图 8-16。由图 8-16 可知，鱼礁区水深明显小于周边水域，最大水深差约为 2.3 m。根据 8.1 中水深调查可知，投礁前该海域水深相差不大，沉积物表面比较平坦。这表明，投礁后测深结果显示的礁区水深差为堆垒礁的高度，高度约为 2.3 m。

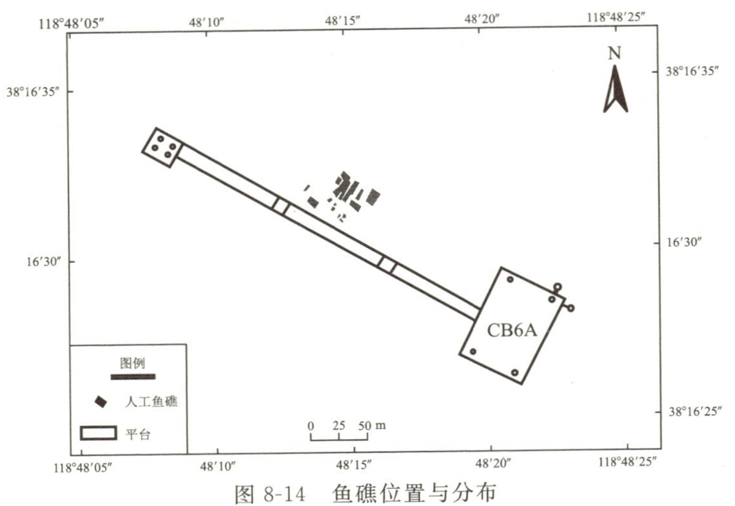

图 8-14 鱼礁位置与分布

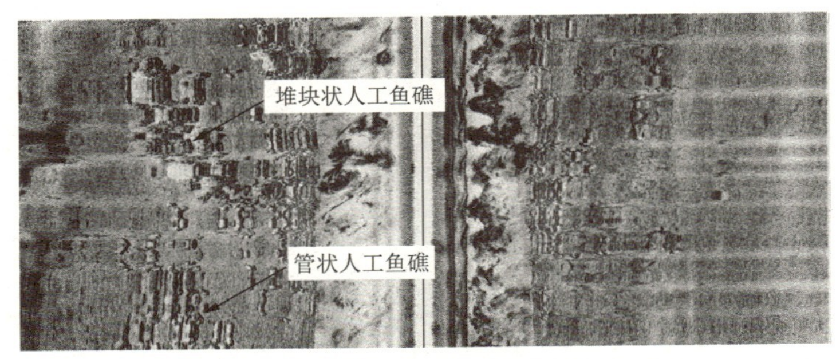

图 8-15 典型地貌(立方体鱼礁、管状鱼礁)

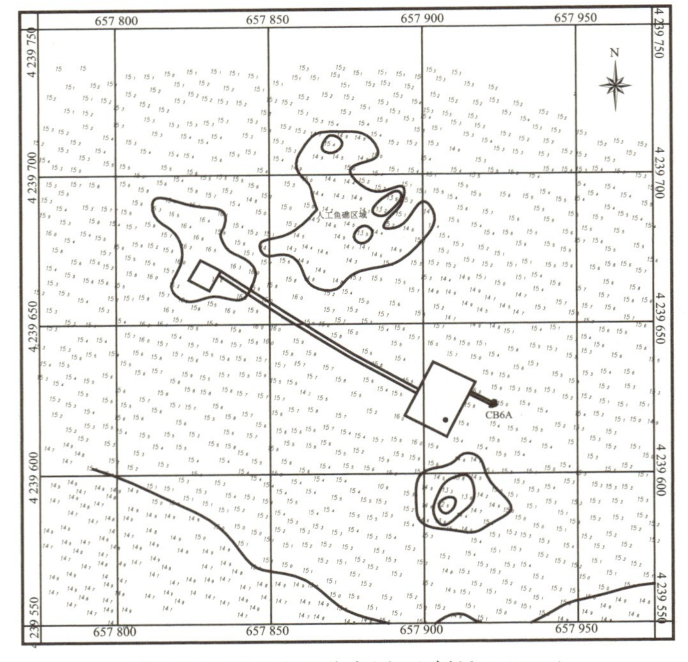

图 8-16 礁区水深分布图(比例尺 1∶500)

8.3.1.3　声呐探测

2012 年 11 月 21 日(鱼礁建成 15 个月)对礁区水深分布进行了测量。测量设备为 ONWA KF-688 型声呐仪,可以直接显示测线的相对高度。仪器调试后,测量船对礁区沿 3 条测线进行走航。

礁区 3 条测线礁区与沉积物的最大相对深度结果见图 8-17,显示屏下半部分红色表示表层沉积物,可以看出图示测量区沉积物相对平坦,红色上方浅红色示意为堆垒礁,可以看出,堆垒礁高度约为 3 m。

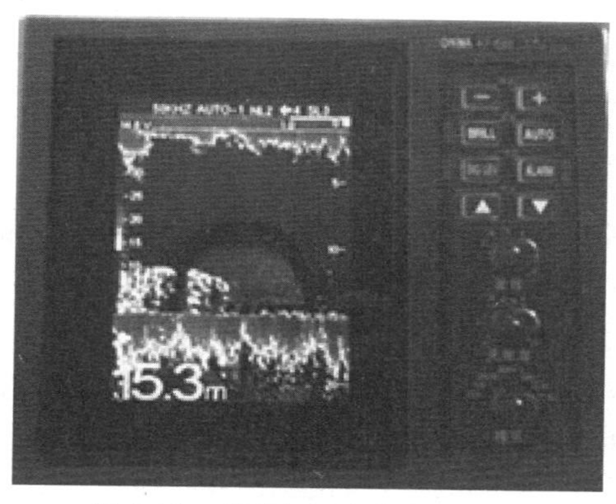

图 8-17　礁群与沉积物相对高度

综合声呐扫海、多波束测量、声呐探测三次测量结果可知:鱼礁群建成 2 个月与 1 个月时鱼礁的分布范围与分布形态相似;鱼礁群建成 15 个月时礁群高度与建成 2 个月时的礁群高度相差不大;鱼礁群建成后 15 个月礁群未发生明显倒塌,稳定性较好。这也表明,CB6A 海域的海底坡度与底质条件满足平台造礁选址原则,该海域适合鱼礁建设。

8.3.2　示范工程海域水质变化特征

8.3.2.1　样品采集与分析

我们分别于 2012 年 5 月与 2012 年 11 月对海域水质进行了两次调查。两次采样的站点分布分别见图 8-18 与图 8-19。图 8-18 中的 1# 点和图 8-19 中的 5# 点为对照点;各站点分别采集表层与底层水样。监测项目与分析方法与 8.1.2 中相同,此处不再赘述。

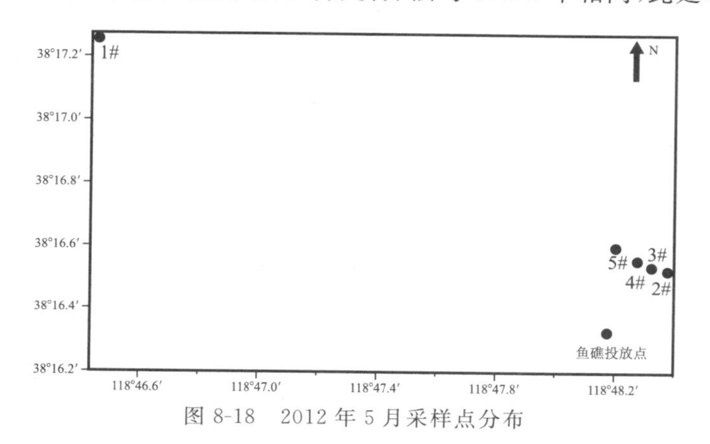

图 8-18　2012 年 5 月采样点分布

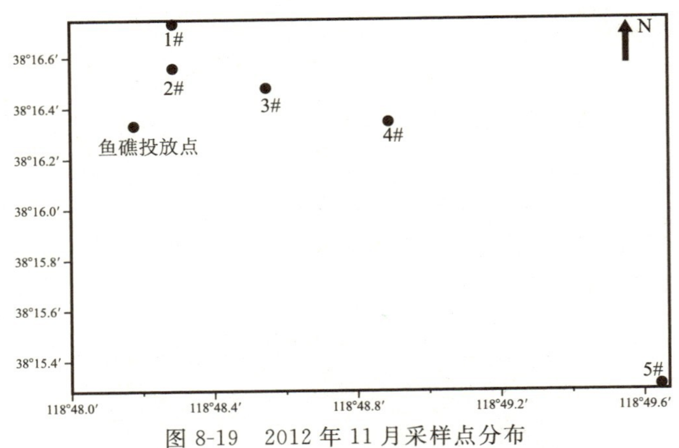

图 8-19　2012 年 11 月采样点分布

8.3.2.2　调查结果

2012 年 5 月和 11 月投礁海域表、底层水体的水质变化情况分别见表 8-6 和表 8-7。

悬浮物：5 月投礁区水体悬浮物浓度明显高于非投礁区；11 月投礁区表层水体悬浮物浓度与非投礁区浓度相差不大，但在鱼礁投放点附近存在悬浮物浓度高值区，而底层水体的悬浮物浓度在投礁点北侧出现最高值。建礁后鱼礁产生的上升流可能是悬浮物大幅增加的主要原因。

溶解氧：5 月鱼礁投放海域水体的溶解氧均略低于对照区，这可能是由于投礁区的游泳生物比对照区多，对溶解氧的消耗要大于对照区造成的；11 月水体溶解氧的总体变化特征不如 5 月明显，鱼礁投放海域底层水体溶解氧含量要低于对照区，而表层水体的溶解氧要高于对照区。

表 8-6　2012 年 5 月水质监测结果

采集位置		pH	DO	COD	SPM	硝氮	氨氮	磷酸盐	总磷	石油类
			mg/L							
1#	表层	7.73	10.89	1.54	17.60	0.033	0.062	0.011	0.064	0.042
	底层	7.86	10.49	1.72	28.40	0.039	0.053	0.007	0.067	0.038
2#	表层	8.01	10.47	1.76	53.20	0.048	0.05	0.009	0.060	0.017
	底层	7.95	10.18	1.47	47.80	0.046	0.077	0.008	0.062	0.028
3#	表层	8.09	10.48	1.65	60.20	0.034	0.051	0.008	0.097	0.037
	底层	8.05	10.3	1.82	42.00	0.03	0.041	0.009	0.092	0.022
4#	表层	8.11	10.55	1.74	49.80	0.049	0.054	0.008	0.052	0.031
	底层	8.07	10.33	1.62	55.30	0.052	0.062	0.009	0.067	0.038
5#	表层	8.09	10.35	1.39	57.60	0.038	0.066	0.01	0.054	0.030
	底层	8.08	10.29	1.52	38.40	0.049	0.042	0.009	0.060	0.027

表 8-7 2012 年 11 月水质监测结果

采集位置		pH	DO	COD	SPM	硝氮	氨氮	磷酸盐	总磷	石油类
			mg/L							
1#	表层	8.24	10.64	1.11	36.20	0.131	0.089	0.027	0.083	0.033
	底层	8.16	10.75	1.07	38.20	0.101	0.091	0.018	0.091	0.031
2#	表层	8.19	10.59	1.19	49.60	0.113	0.074	0.034	0.097	0.042
	底层	8.17	10.41	1.34	66.20	0.128	0.085	0.029	0.088	0.026
3#	表层	8.19	10.62	1.26	42.30	0.098	0.068	0.031	0.060	0.051
	底层	8.15	10.35	1.39	36.70	0.109	0.103	0.022	0.062	0.036
4#	表层	8.17	10.49	0.97	49.50	0.094	0.066	0.021	0.101	0.048
	底层	8.15	10.48	1.24	37.50	0.089	0.071	0.025	0.131	0.039
5#	表层	8.19	10.54	1.19	48.90	0.098	0.069	0.031	0.083	0.029
	底层	8.17	10.58	1.31	56.20	0.112	0.094	0.024	0.098	0.021

化学需氧量:5 月表层水体中化学需氧量在鱼礁近区稍高于对照区,而底层水体鱼礁区与对照区的差别不明显,但在投礁区北侧随着距离增加,化学需氧量逐渐降低,由 1.56 mg/L 降到 1.44 mg/L。11 月监测结果显示,投礁区的表底层水体的化学需氧量都要高于对照区。

pH:11 月投礁区底层水体 pH 与对照区 pH 没有明显差别;但表层水体投礁区的 pH 值略高于对照区。5 月份礁区表底层水体的 pH 均略高于对照区。

硝态氮:5 月份投礁区表层水体硝氮浓度随着距离投礁点的距离增加而减少,投礁区硝氮要高于对照区;5 月份投礁区底层水体和 11 月表层水体硝氮含量要高于对照区。

氨氮:5 月投礁点表层水体的氨氮含量略低于其北侧海域,但与对照区的差别不明显;投礁点偏西北位置底层水体出现氨氮低值区;投礁近区水体的氨氮要低于对照区,这一时期氨氮的分布特征可能与浮游植物对氨氮的吸收有关。11 月投礁区表层水体氨氮含量高于对照区,而投礁区底层水体的氨氮含量低于对照区。

磷酸盐:5 月投礁点近区表层水体磷酸盐含量明显低于对照区,而投礁近区底层水体的磷酸盐浓度要高于对照区;投礁区表层水体磷酸盐含量偏低,这可能与水体表层浮游植物对磷酸盐的消耗相关。11 月投礁区表层水体磷酸盐含量与对照区的变化不明显,而投礁区底层水体磷酸盐含量高于对照区(图 7.35)。

总磷:5 月投礁点向北随着距离增加,表层水体总磷浓度逐渐降低,投礁点近区总磷高于对照点,底层水体总磷含量高于对照区。11 月投礁近区表底层水体总磷浓度低于对照区。

石油类:5 月投礁区水体石油类随着距投礁点距离的增加逐渐减少,投礁区石油类低于对照区;11 月投礁区水体石油类均高于对照区。

综上所述,示范区海水水质因子(特别是营养盐)的分布特征受水动力、吸附-解析、氧化-还原、浮游植物的消耗等物理、化学以及生物过程的影响。鱼礁投放区悬浮物浓度明显升高,鱼礁建设所产生的上升流可能是导致悬浮物增加的主要原因,而上升流必然将携带底层营养盐与表层海水充分交换,因此可以增加海水营养盐的含量(鱼礁区硝氮、氨氮、化学需氧量、磷酸盐、总磷等因子高于对照区)，这将促进各种藻类的生长从而提高海域初级生产力。

8.3.3 示范工程海域沉积物变化特征

8.3.3.1 样品采集与分析

我们于 2012 年 5 月与 11 月分别采集鱼礁区沉积物。2012 年 5 月沉积物取样共设 5 个取样点，站点位置见图 8-18；11 月仅在鱼礁投放点与管状鱼礁内采集沉积物样品。监测项目包括有机碳、总氮、总磷。沉积物各因子的分析按照《海洋监测规范 第 5 部分：沉积物分析》(GB17378.5—2007)进行。

8.3.3.2 5 月调查结果

(1) 有机碳。鱼礁区沉积物中总有机碳的分布如图 8-20 所示。由图中可知，随着距鱼礁的距离增加，沉积物中总有机碳含量逐渐减少；鱼礁投放点的沉积物有机碳含量低于对照区。

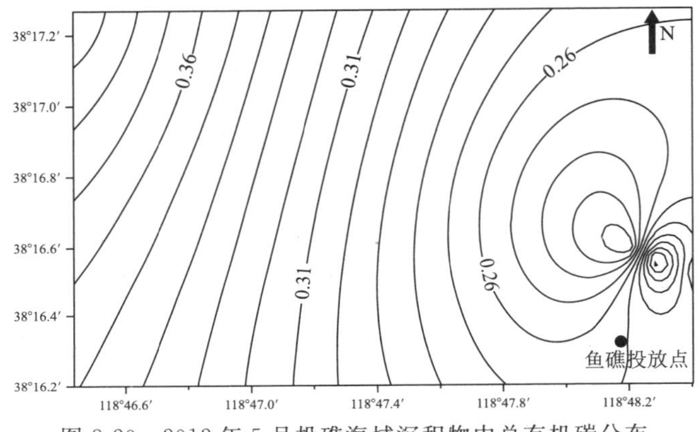

图 8-20 2012 年 5 月投礁海域沉积物中总有机碳分布

(2) 总氮。鱼礁区沉积物中总氮分布如图 8-21 所示。由图可知，总氮的分布特征与有机碳的分布特征相似，随着与鱼礁的距离增加，沉积物中总氮含量逐渐减少；鱼礁投放点的沉积物总氮含量低于对照区。

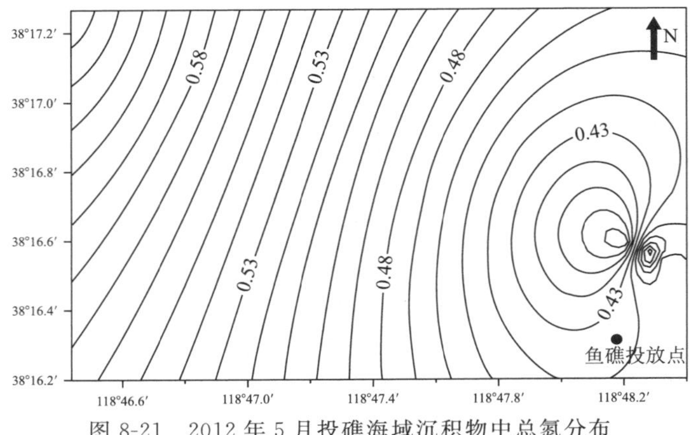

图 8-21 2012 年 5 月投礁海域沉积物中总氮分布

(3) 总磷。鱼礁区沉积物中总磷的分布如图8-22所示。由图中可知,沉积物中总磷的分布特征不同于有机碳与总氮,在鱼礁投放点西侧区域,随着与鱼礁群距离的增加,总磷的含量逐渐降低,整体上鱼礁区沉积物总磷含量高于对照区,这可能与水动力以及沉积物对溶解磷的吸附有关。

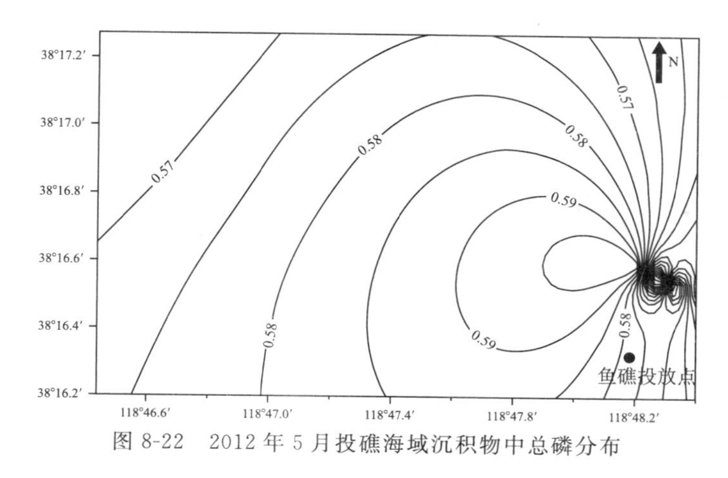

图8-22　2012年5月投礁海域沉积物中总磷分布

8.3.3.3　11月调查结果

11月份仅由潜水员采集到鱼礁群近区以及管状鱼礁内的沉积物样品,沉积物中有机碳、总氮与总磷的测试结果见表8-8。鱼礁近区沉积物呈现黄色,而管状鱼礁内沉积物呈黑色;由表8-8可以看出,管状鱼礁内沉积物的有机碳、总氮、总磷含量均高于鱼礁近区。

表8-8　11月沉积物测试结果

取样点	有机碳(%)	总氮(mg/kg)	总磷(mg/kg)
鱼礁近区	0.24	0.51	0.52
管状鱼礁内	0.45	0.72	0.81

通过分析可知:鱼礁区沉积物有机碳、总氮含量高于对照区,这可能与在鱼礁区形成的上升流对沉积物的扰动有关,导致鱼礁投放点沉积物中有机碳、总氮含量降低;管状鱼礁内沉积物的有机碳、总氮、总磷含量均高于鱼礁近区;这可能与鱼礁群内游泳生物、底栖生物的活动有关。

8.3.4　示范工程海域生态系统调查

我们于2012年5月与11月分别对采集的水样与沉积物样品进行浮游植物、浮游动物以及底栖生物的种类与数量分析。浮游植物与浮游动物的调查站位同水质调查站位;5月底栖生物的调查站同水质调查站位,11月仅取得鱼礁近区的样品。

8.3.4.1　浮游生物

(1) 浮游植物。表8-9为5月和11月鱼礁区与对照区浮游植物主要优势种群数量及占总量的百分比情况。5月调查结果显示:鱼礁区与对照区的优势种不同,鱼礁区浮游植物数量为对照区的1.8倍,明显高于对照区,这可能与鱼礁区丰富的营养盐含量有关。11月调查结果显示:鱼礁区浮游植物的数量均值为48.16×10^4个/m^3,优势种为奇异菱形藻、尖刺菱形藻、圆筛藻；对照区浮游植物的数量 47.66×10^4 个/m^3；优势种为圆筛藻、奇异菱形藻、尖刺菱形藻。

对浮游植物数量的两次调查结果表明，鱼礁区浮游植物数量高于对照区。人工鱼礁投放后，礁区海域原有的平稳流态受到扰动，产生上升流、背涡流和阻滞流，导致底质变动和营养盐提升。新流场的形成和营养基础的提高，加速了浮游植物的繁殖、生长。

表 8-9　2012 年 5 月、11 月鱼礁区与对照区主要优势种数量及占总量的百分比（10^4 个/m^3）

类群	5 月鱼礁区		5 月对照区		11 月鱼礁区		11 月对照区	
	数量	百分比	数量	百分比	数量	百分比	数量	百分比
梭角藻	4.3	23.12	0.31	3.03	1.29	2.67	1.84	3.86
圆筛藻	3.66	19.7	4.84	46.97	4.8	9.96	14.72	30.89
夜光藻	1.89	10.17	0.78	7.58				
尖刺菱形藻	2.12	11.43	2.96	28.79	7.73	16.05	5.52	11.58
三角角藻	1.31	7.05	0.16	1.52			0.74	1.54
刚毛根管藻	0.76	4.09	0.16	1.52	2.04	4.24	4.42	9.27
印度翼根管藻	0.56	3.04	0.16	1.52	1.11	2.31		
中肋骨条藻	0.64	3.47						
卡氏角毛藻	0.38	2.04	0.16	1.52				
洛氏菱形藻	0.48	2.58						
虹彩圆筛藻			0.16	1.52				
新月菱形藻			0.16	1.52				
角毛藻					4.49	9.32	2.94	6.18
菱形海线藻					4.04	8.39		
具槽直链藻					2.5	5.19		
塔形冠盖藻					2.5	5.18	2.21	4.63
佛氏海链藻					2.04	4.23		
叉状角藻							0.74	1.54
奇异菱形藻					10.28	21.34	11.41	23.94
中华盒形藻					1.28	2.66	0.74	1.54

(2) 浮游动物。表 8-10 为鱼礁区的浮游动物种类组成。经鉴定共有 19 种浮游动物（不含 13 种浮游幼体），主要隶属于桡足类、水螅水母类等，且浮游幼体也占了很大比重。从表 8-10 可知，调查区浮游动物中以桡足类的种类数为最多，共 12 种，占 63.16%；水螅水母类次之，共 3 种，占 15.79%。

表 8-10　浮游动物种类组成

类群	2012 年 5 月		2012 年 11 月		总计	
	种类数	百分比/%	种类数	百分比/%	种类数	百分比%
桡足类	11	78.57	8	61.54	12	63.16
枝角类	1	7.14			1	5.26
毛颚动物	1	7.14	1	7.69	1	5.26
水螅水母类	1	7.14	2	15.38	3	15.79
被囊动物			1	7.69	1	5.26
端足类			1	7.69	1	5.26
总计	14		13		19	
浮游幼体	9		7		13	

鱼礁区与对照区的生物总量见表 8-11。由表中可知，两次调查鱼礁区浮游动物总量均小于对照区（可能与游泳生物对浮游动物的摄食有关），并且 11 月调查区的生物总量均小于 5 月调查区的生物总量。

表 8-11　鱼礁区与对照区的生物总量　（个/m^3）

月份	鱼礁区总生物量平均值	对照区总生物量
2012 年 5 月	184.45	279.33
2012 年 11 月	132.05	161.15

8.3.4.2　底栖生物

鱼礁区的底栖生物经鉴定共有 63 种，远高于对照区 19 种底栖生物。这些底栖动物主要隶属于多毛类、软体动物和节肢动物（表 8-12）。

表 8-12　2012 年 5 月底栖动物种类组成

类群	对照区		鱼礁区		总计	
	种类数	百分比%	种类数	百分比%	种类数	百分比%
多毛类	10	52.63	23	36.51	25	37.88
软体动物	5	26.32	24	38.1	25	37.88
节肢动物	1	5.26	10	15.87	10	15.15
棘皮动物	1	5.26	3	4.76	3	4.55
其他类	2	10.53	3	4.76	3	4.55
总计	19		63		66	

鱼礁区底栖生物种数从 5 月（63 种）到 11 月（29 种）有很大减少，其中软体动物减少 18 种（表 8-13）。

生物量的统计结果见表 8-14。5 月鱼礁区底栖生物量明显高于对照区，11 月与 5 月鱼礁区的底栖生物量较为接近。

表 8-13　鱼礁区底栖生物种类组成

类群	5 月		11 月	
	种类数	百分比%	种类数	百分比%
多毛类	23	36.51	13	44.83
软体动物	24	38.1	6	20.69
节肢动物	10	15.87	6	20.69
棘皮动物	3	4.76	1	3.45
其他类	3	4.76	3	10.34
总计	63		29	

表 8-14　底栖生物生物量统计　(g/m^2)

月份	鱼礁区生物量平均值	对照区生物量
2012 年 5 月	10.91	3.78
2012 年 11 月	10.11	3.22

8.3.4.3　鱼礁附着生物

2012 年 11 月我们通过潜水员水下拍照、打捞鱼礁两种方法进行鱼礁附着生物的宏观调查。图 8-23 为打捞上来的附着了生物的鱼礁单体。从图中可以看出，投礁 15 个月后鱼礁上长满藤壶(Balanus sp.)。

图 8-23　管状鱼礁藤壶附生

8.3.4.4　渔业资源

采用底拖网方式调查鱼礁区与对照区的渔业资源。网口长 13 m、网长 20 m、网身网目 20 mm。由于礁体的存在不方便拖网，所以鱼礁区设在鱼礁周边近区范围内进行，对照区设在距离鱼礁投放点大于 1 km 的海域。

本次调查按渔业资源密度进行评价。渔业资源密度采用底拖网扫海面积法估算。计算公式为：

$$D=\frac{C}{qa} \tag{8-1}$$

式中：D——渔业资源密度，单位为尾/平方千米或千克/平方千米（kg/km^2）；

C——平均每小时拖网渔获量，单位为尾/（网·小时）或千克/（网·小时）；

a——每小时网具取样面积，单位为平方千米/（网·小时）；

q——网具捕获率，取值范围为0～1。

渔业资源密度计算结果见表8-15。分别按尾/平方千米与千克/平方千米计算，鱼礁区的渔业资源密度均高于对照区，鱼礁区分别为对照区的1.68倍、1.64倍。表8-16为调查海域内存在的渔业生物。从表中可以看出，鱼礁区渔业生物种类为10种，对照区为12种，对照区的种类多于鱼礁区。

表8-15　渔业资源密度

区域	尾/平方千米	千克/平方千米（kg/km^2）
鱼礁区	7 835	33 363.5
对照区	4 652	20 357.5

表8-16　调查海域游泳生物名录

区域	种类	生物种拉丁名
对照区	许氏平鲉	*Sebastods schlegelii*
	日本蟳	*Charybdis japonica*
	皮氏叫姑鱼	*Johnius belengerii (Cuvier)*
	口虾蛄	*edible mantis shrimp*
	葛氏长臂虾	*Palaemon gravieri (Yu)*
	矛尾虾虎鱼	*Synechogobius hasra*
	扁玉螺	*Neverita didyma*
	纵肋织纹螺	*Nassarius variciferus*
	虾夷沙海星	*Luidia yesoensis Goto*
	绒螯近方蟹	*Hemigrapsus penicillatus*
	寄居蟹	*Pagurus sp.*
	毛虾	*Palaemon (Exopalamon) carincauda Holthuis*
鱼礁区	鲬	*Platycephalus indicus*
	口虾蛄	*edible mantis shrimp*
	短吻红舌鳎	*Cynoglossus joyneri*
	日本蟳	*Charybdis japonica*
	大银鱼	*Protosalanx hyalocranius*
	矛尾虾虎鱼	*Synechogobius hasr*
	绒螯近方蟹	*Hemigrapsus penicillatus*

续表

区域	种类	生物种拉丁名
鱼礁区	葛氏长臂虾	*Palaemon gravieri* (Yu)
	纵肋织纹螺	*Nassarius variciferus*
	枪乌贼	*Loliginidae*

8.4 小结

海水营养盐、浮游植物、浮游动物的分布特征及其数量受水动力、摄食关系、样品采集不确定性等因素的影响，综合鱼礁建设后的声呐扫海、多波束测深，水质、沉积物质量、生态系统调查，潜水员水下拍照等多次调查结果，得到以下主要结论。

(1) 鱼礁建成 2 个月与 1 个月时鱼礁的分布范围与分布形态相似，鱼礁群建成 15 个月时礁群高度与建成 2 个月时的礁群高度相差不大；鱼礁建成后 15 个月礁群未发生明显倒塌，具有良好的稳定性。

(2) 在上升流作用下，鱼礁投放区悬浮物浓度明显升高，同时将表层沉积物的碳、氮等营养物质带到表层水体，使鱼礁区的硝氮、氨氮、化学需氧量、磷酸盐、总磷等因子高于对照区，这促使鱼礁区表层水体浮游植物量明显高于对照区。

(3) 与对照区相比，投礁后鱼礁区浮游植物数量增加，而浮游动物和底栖生物的数量减少，这可能与鱼类对浮游动物和底栖生物的摄食有关。

(4) 鱼礁投放后 15 个月，鱼礁上长满藤壶。

(5) 鱼礁区的渔业资源密度高于对照区，约为对照区的 1.6 倍。

第9章 >>>

结 论

海上退役采油平台造礁工程是实现海上退役采油平台循环利用的重要手段，有着广泛的应用前景。本研究综合运用工程管理、安全技术与工程学，以及其他工程技术规范的研究成果，根据中国海洋石油勘探的实际情况，构建了海上退役采油平台造礁工程技术体系，并进行了实证试验和分析。取得的主要研究成果及结论如下。

(1) 提出了平台造礁工程可行性论证的原则、依据与方法。对平台造礁方案的适用条件进行了分析，探讨了平台造礁论证的总体原则，提出平台造礁工程论证的主要内容包括：充分搜集平台所在海区的相关环境背景资料和平台设施的相关资料；进行现场调查监测并分析现状监测数据的可靠性和代表性；最后通过对各种资料整理、分析，从人工鱼礁建设对水文、地质、水质和生物资源等方面的要求来论证平台造礁工程的可行性。

(2) 构建了海上退役平台的人工鱼礁改造工程的技术框架和技术体系。主要内容包括：对海上退役采油平台拆除的相关技术和工艺操作进行归纳，将平台拆除技术体系框架划分为设施关断、封井、井口拆除、平台设施清洗、上部组块拆除、导管架拆除、海底管道处理等技术流程；从平台造礁总体布局、礁体的设计、礁体材质的选择、礁体加工方法等方面对礁体的设计与加工技术体系进行分析，提出了鱼礁单体的设计的原则、依据和程序；建立礁体投放技术体系，主要包括投放时间与位置的选择、投礁范围划定、投礁船舶与设备的调配、投礁方案的设计、礁体捆扎、试吊、脱钩与投放，以及后续礁区标识管理等技术环节。

(3) 确定了平台造礁工程验收和后期跟踪调查评价的内容和方法。从验收条件、标准和验收内容等方面规范平台造礁工程的验收流程；从水质、沉积物、生物、流场和礁体现状等方面对平台造礁工程的环境影响进行调查监测，建立平台造礁工程的跟踪调查制度和环境影响后评估指标体系，对平台造礁的生态环境效应进行评价，并根据评价结果对平台造礁的总体布局、鱼礁设计等方面做出调整和完善。

(4) 对埕岛退役平台造礁示范区进行了适宜性评价。通过对埕岛退役平台造礁示范工程拟建海域水体环境和生态系统的现场调查，确定了鱼礁投放地址，并对礁址适宜性进行了评价。结果表明，埕岛油田海域的地势、地质条件，水质条件，水体流速，水深以及生态渔业条件均满足人工鱼礁的选址要求，故选择埕岛油田 CB6A 平台栈桥北海域作为人工鱼礁工程实施海域。

(5) 通过冲刷试验可知，鱼礁周围受冲刷程度是与水流速度密切相关的。随着水流速度逐渐增大，冲坑深度和冲坑宽度也是在不断地增加。在同一水流速度的情况下，有盖的人工鱼礁周围受冲刷的程度比无盖的人工鱼礁要大。鱼礁周围的水中悬浮物的浓度随着水流速度的增大而逐渐增大。但是，在同一流速的情况下，有盖鱼礁和无盖鱼礁周围水体中悬浮物浓度基本一致。

(6) 对人工鱼礁诱集鱼类效果进行了研究。研究发现，在有礁体存在的情况下，鱼礁标志区的试验鱼聚集率远高于无礁体存在情况下的聚鱼率，最大差别达到 29%。对于同一形状的礁体，有孔礁体比有框鱼礁具有更好的聚鱼效果；而对于不同形状的礁体，正方体礁体的聚鱼效果比三棱柱礁体的聚鱼效果好。五种不同结构、不同形状的模型礁中，正方体有盖有孔人工鱼礁对黑头渔具有显著的诱集作用。

(7) 研究了平台造礁示范工程对该海域水质及沉积物的环境修复效应。与对照区相比，鱼礁投放区悬浮物浓度明显升高，鱼礁建设所产生的上升流可能是导致悬浮物增加的主要原因，而上升流携带底层营养盐与表层海水充分交换，增加了海水营养盐的含量(硝氮、氨氮、化学需氧量、磷酸盐、总磷等)，促进各种藻类的生长从而提高了海域初级生产力。

(8) 研究了平台造礁示范工程对该海域生态系统和渔业资源的影响。结果表明，鱼礁群建成 15 个月时，礁群高度与建成 2 个月时的礁群高度相差不大，且礁群未发生明显倒塌，具有很好的稳定性；与对照区相比，投礁后鱼礁区浮游植物数量增加，而浮游动物和底栖生物的数量减少，这可能与鱼类对浮游动物和底栖生物的摄食有关；鱼礁区的渔业资源密度高于对照区，约为对照区的 1.6 倍。

附　录

附录 A　水质及底质调查记录表

表 A1　现场调查记录表

______ 市 ______ 县 ______ 镇(乡) ______________ 站位　编号：______________.

海区名称				海域总面积		______ km²	
地理坐标	纬度：　°　′N			经度：　°　′E			
调查日期	公历：　年　月　日			农历：　月　日			
调查时间	时　分　～　时　分			天气		风向		风力
水色		透明度			pH 值		
溶解氧	表层：　－10 层：			水深范围		－　m～　－　m	
水温/℃	0 m：	－5 m：		－10 m：			
	－15 m：	－20 m：		底层(－　m)：			
盐度/‰	0 m：	－5 m：		－10 m：			
	－15 m：	－20 m：		底层(－　m)：			
走航记录				跃层			
流速流向	涨潮最大流速：　m/s	流向：		时间：			
	落潮最大流速：　m/s	流向：		时间：			
其他							

调查船______________　测量人______________　记录人______________.

表 A2　水质分析结果汇总表

站位：____________.

COD	mg/L	重金属(mg/L)		营养盐(mg/L)	
BOD_5	mg/L	Cu		NO_3-N	
叶绿素 a	mg/L	Pb		NO_2-N	
初级生产力	$MgC/m^3 \cdot h$	Zn		NH_4-N	
石油类	mg/L	Cd		PO_4-P	
浮游物	mg/L	Hg		SiO_3	
		As			

表 A3　底质分析结果汇总表

站位：____________.

底质		粒度组成/%			
		粒　度	位置 1	位置 2	位置 3
含水量	%	砾石(LS)			
容重	g/cm^3	极粗砂(JCS)			
抗剪强度	(黏聚力，内摩擦角)	粗砂(CS)			
抗压强度	cm	中砂(ZS)			
淤泥层厚度	mg/kg	细砂(XS)			
石油类	mg/kg	极细砂(JXS)			
有机碳	mg/kg	粗粉砂(CFS)			
硫化物	mg/kg	细粉砂(XFS)			
总磷	mg/kg	黏土(NT)			
总氮	mg/kg				
铁	mg/kg				
氧化还原电位					
总汞	mg/kg				
总铬	mg/kg				
铜	mg/kg				
铅	mg/kg				
镉	mg/kg				
砷	mg/kg				

附录 B　底栖生物调查记录表

表 B1　浮游植物分析表

站位名：__________　时　间：__________　种类数：__________　丰富度：__________.
单纯度：__________　多样性：__________　均匀性：__________　总个数：__________.

类群	中文名	学名	实际个数/L

表 B2　浮游动物分析表

站位：__________　潮汛：__________　种类数：__________　丰富度：__________　总个数：__________.
时间：__________　单纯度：__________　多样性：__________　均匀性：__________　总生物量：__________.

类群	中文名	学名	实际个数/L

表 B3　游泳动物分析表

站位名：__________　拖网位置：放网：____°____′N，____°____′E ______.
水深(13)__________　起网：____°____′N，____°____′E ______.
拖网类型：__________　日期：__________　放网时间：__________　起网时间：__________.
拖速：__________　网口：__________　总渔获量：__________　取样：__________.

种类	重量/g	体重范围/g	重量/%	体长/cm	尾数

表 B4　底栖生物分析表

（单位：个/m^2）

种类名称	站位		站位		站位	
	潮汛	潮汛	潮汛	潮汛	潮汛	潮汛
一、	日期	日期	日期	日期	日期	日期
1.						
2.						
3.						
4.						
5.						
二、						
1.						
2.						

表 B5　各类群栖息密度及总重

类别 站位	多毛类 （个/m^2）	软体类个 （个/m^2）	甲壳类个 （个/m^2）	腔肠类 （个/m^2）	棘皮类 （个/m^2）	虫益虫类 个/m^2	总密度 （个/m^2）	总重 （g/m^2）

表 B6　生物体污染物残留物分析表

（单位：mg/kg）

种类	石油类	铜	铅	镉	砷	汞

附录C　封井作业水泥用量的计算公式

1　水泥浆体积的计算

$$V=\frac{\pi}{4}D^2HK \tag{C1}$$

式中：V 代表水泥浆用量(m^3)；D 代表套管内径(m)；H 代表水泥塞长度(m)；K 代表附加系数(1.5～1.7)。其取值原则是：井深多取，井浅少取；井径小多取，井径大少取；水泥塞短多取，水泥塞长少取。

2　干水泥量的计算

$$t=1.467V(\gamma_{水泥浆}-1) \tag{C2}$$

式中：t——干水泥数量(t)；

V——水泥浆用量(m^3)；

$\gamma_{水泥浆}$——水泥浆密度(g/cm^3)。

3　清水用量计算

$$Q=V\times\gamma_{水泥浆}-t \tag{C3}$$

式中：Q——清水用量(12)；

$\gamma_{水泥浆}$——水泥浆密度(g/cm^3)；

t——干水泥数量(t)。

附录 D　鱼礁着底冲击力的计算公式

1　鱼礁在海水中的下落速度

计算鱼礁投放着底冲击力时，必须考虑鱼礁的下落速度，鱼礁从海面自由下落过程所受的作用力有重力、浮力和水动力。水中礁体的运动方程如式(D1)所示：

$$u_c=\sqrt{\frac{2gV}{C_DA}\left(\frac{\sigma}{\rho}-1\right)} \tag{D1}$$

式中：u_c——礁体的终端速度(m/s)；

g——重力加速度(m/s^2)；

V——礁体体积(m^3)；

C_D——礁体阻力系数；

A——礁体阻挡水流的投影面积(m^2)；

σ——礁体密度(kg/m^3)；

ρ——海水密度(kg/m^3)。

不同形状礁体的阻力系数(C_D)、质量系数(C_M)、附加质量系数(C_{MA})如表 D1 所示。

表 D1　阻力系数(C_D)、质量系数(C_M)、附加质量系数(C_{MA})

系数	正长方体	圆柱体	长方体
C_D	2.0	1.0	2.0
C_M	2.0	2.0	1.0
C_{MA}	1.0	1.0	1.0

2　鱼礁在水中落下的着底冲击力

着底冲击力取决于鱼礁的重量、冲击时的速度、着底地基的反力系数和冲突面的形状。设冲突面的地基反力为 R，着底时的附加质量系数为 C_{MA}，则着底时的运动方程式为：

$$\sigma V\frac{\mathrm{d}u}{\mathrm{d}t}=(\sigma-\rho)gV-\frac{1}{2}C_DA\rho u^2-C_{MA}\rho V\frac{\mathrm{d}u}{\mathrm{d}t}-R \tag{D2}$$

设地基反力系数为 K_R，着底地基的变位为 ε，则有：

$$R=K_R\cdot\varepsilon^n \tag{D3}$$

由于，$u=\frac{\mathrm{d}\varepsilon}{\mathrm{d}t}$，整理式(D3)后，得：

$$\left(\frac{\sigma}{\rho}+C_{MA}\right)\frac{\mathrm{d}^2\varepsilon}{\mathrm{d}t^2}+\frac{C_DA}{2V}\left(\frac{\mathrm{d}\varepsilon}{\mathrm{d}t}\right)^2+\frac{K_R}{\rho V}\varepsilon^n=g\left(\frac{\sigma}{\rho}-1\right) \tag{D4}$$

由于式(D4)是一个非线性微分方程，对变量 t 的积分求解比较困难，实际运用时，可采用牛顿渐进解法，求其近似解。式(D4)经简化整理，得：

$$\frac{gK_R\varepsilon_0^{n+1}}{(n+1)\omega_0V}-\left[g\left(\frac{\sigma_G}{\omega_0}-1\right)-\frac{C_DA}{4V}u_0^2\right]\varepsilon_0-\left(\frac{\sigma_G}{\omega_0}+C_{MA}\right)\frac{u_0^2}{2}=0 \tag{D5}$$

式中：ε_0——总变位值(m)；

ω_0——海水单位体积重量($\omega_0=\rho g$)(N/m^3)；

σ_G——落体材料的单位体积重量(N/m^3)；

u_0——落体着底时的速度(m/s)。

设

$$\left.\begin{aligned} L &= \frac{gK_R}{(n+1)\omega_0 V} \\ M &= g\left(\frac{\sigma_G}{\omega_0}-1\right)-\frac{C_D A}{4V}u_0^2 \\ N &= \left(\frac{\sigma_G}{\omega_0}+C_{MA}\right)\frac{u_0^2}{2} \end{aligned}\right\} \tag{D6}$$

把式(D6)代入(D5)，得：

$$L\varepsilon_0^{n+1}-M\varepsilon_0-N=0 \tag{D7}$$

设 ε_r 为 ε_0 的第 r 次近似解，取 $n=2$，则：

$$\left.\begin{aligned} \varepsilon_r &= \left(\frac{N}{L}\right)\frac{1}{3} \\ \varepsilon_{r+1} &= \varepsilon_r+\frac{L\varepsilon_r^{n+1}-M\varepsilon_r-N}{3L\varepsilon_r^{n+1}-M} \end{aligned}\right\} \tag{D8}$$

根据式(D8)，计算地基变位的收敛值 ε_0。

又，$R_0=K_R\varepsilon_0^2=\hat{\sigma}_G V$，可得：

$$\hat{\sigma}_G=\frac{K_R\varepsilon_0^2}{V} \tag{D9}$$

式中：R_0——地基反力(即着底时冲击力)(N)；

K_R——地基反力系数(N/m^2)；

ε_0——着底地基变位的收敛值(m)；

$\hat{\sigma}_G$——礁体落体的静换算重量(N/m^3)；

V——礁体体积(m^3)。

根据鱼礁的空中落下实验，当 $n=2$ 时，K_R 可取低值。对于沙砾底质，$K_R=16\sim50$ MN/m^2；坚硬密实的黏土底质，$K_R=21\sim63$ MN/m^2。

附录 E 波浪中鱼礁稳定性测试

1 试验设备和仪器

(1) 试验可选择在推板式波浪水槽中进行,水槽全长、槽高、水深、槽宽可根据备选鱼礁模型设计。

(2) 水槽可进行分隔,设置对比槽。

(3) 水槽可由造波机段、整流段、波浪稳定段和消波段等组成。

(4) 测试仪器包括波高仪、示波器、动态电阻应变仪等。

2 模型的设计和制造

(1) 稳定性测试试验的模型为根据备选鱼礁按合理的模型线尺度比设置的正态模型。

(2) 在进行阻力试验时,要求外形相似,模型可采用正态模型。对于钢筋混凝土结构的鱼礁,需从水力学表中查得鱼礁实体糙率 n_{fz},并按糙率相似原则,确定模型的糙率公式为:

$$\eta_m = \frac{\eta_f}{\lambda_L^{\frac{1}{6}}} \tag{E1}$$

式中:η_m——模型糙率;

η_f——实物糙率;

λ_L——线尺度比。

根据计算得出的糙率值确定模型材料。

(3) 摩擦系数试验要求重量、底面积相似,选择适当的线尺度比。重量相似公式为:

$$W_m = \frac{W_f}{\lambda_L^3} \tag{E2}$$

式中:W_m——模型重量(N/m^3);

W_f——实物重量(N/m^3)。

(4) 稳定性观察试验的模型要求重量相似、外形相似、糙率相似,选择适当的线尺度比。

3 试验原理及分析方法

试验目的主要是研究波浪对礁体的影响。波浪的特征是水体在自由表面出现周期性有规律的起伏运动,而水质点则做周期性的往复运动。当波浪越接近海底时,其轨迹越扁,渐趋近于直线的往复运动。但一般波浪的轨迹并不是封闭的,除往复运动外还有迁移运动。所以可把波浪的作用看作仅有水平方向的交变作用。

(1) 在进行礁体阻力的测定时,需要用悬臂形式加以固定,并在悬臂的自由端连接礁体,距槽底留出适当间隙(5 mm),以防与地面接触而产生摩擦阻力,使鱼礁能自由摆动。

(2) 悬臂要有足够的抗弯强度,且杆子的阻力要尽可能小。

(3) 试验时先测定各种波高时的空杆阻力,在测得鱼礁阻力后再扣除空杆阻力。空杆阻力随着水深、波高的不同而有所变化。当杆子很小时,空杆产生的流场影响可忽略不计。

(4) 因为鱼礁投放点多为有限深度(水深<12 波长),因此,采用有限深度的波动理论进行计算。鱼礁所受的流体动力 F 为:

$$F=\frac{1}{2}\rho C_D A\ (U_0+U)^2+\rho C_m V\frac{\mathrm{d}u}{\mathrm{d}t} \tag{E3}$$

式中：ρ——海水密度(kg/m^3)；

C_D——拖曳力系数；

A——模型迎流面积(m^2)；

U_0——由波浪产生的水质点流速(m/s)；

U——海流流速(m/s)；

C_m——质量力系数；

V——模型体积(m^3)。

(5) 可根据试验条件选择模拟海流流速 U_0。若试验条件限制，可仅考虑波浪对鱼礁模型的单独影响。

(6) 模型所受流体动力有拖曳力(对应阻力)$R_1=\frac{1}{2}\rho C_D AU^2$ 和惯性力 $R_2=\rho C_m V\frac{\mathrm{d}u}{\mathrm{d}t}$。

根据液体表面波理论，此处为有限深度的二维进行波，简化为正弦波，因流体微团有周期性往复运动，所以模型所受流体动力 R 应表示为：

$$R=R_1+R_2=\frac{1}{2}\rho C_D AU|U|+\rho C_m V\frac{\mathrm{d}u}{\mathrm{d}t} \tag{E4}$$

假设波浪为微幅波(H/L 很小)，则有：

$$U=U_{\max}\sin\theta \tag{E5}$$

其中，

$$\begin{cases} U_{\max}=\dfrac{\pi H}{T}\dfrac{ch(h-z)}{shkh}=\dfrac{\pi h}{T}\dfrac{ch\dfrac{2\pi D}{L}}{sh\dfrac{2\pi h}{L}} \\ \theta=KX-\sigma t=\dfrac{2\pi}{L}X-\dfrac{2\pi}{T}t \end{cases} \tag{E6}$$

式中：H——波高(m)；

h——水深(m)；

z——鱼礁顶点坐标(Z 轴向下为正)(m)；

D——鱼礁高度(m)；

θ——相位角；

L——波长(m)；

T——周期(s)。

$$R=\frac{1}{2}\rho C_D AU_{\max}^2\sin\theta|\sin\theta|-\frac{2\pi U_{\max}}{T}\rho C_m V\cos\theta \tag{E7}$$

显然，R 随位相位角的变化而产生周期性变化，其极大值发生在$\frac{\mathrm{d}R}{\mathrm{d}\theta}=0$ 且$\frac{\mathrm{d}^2R}{\mathrm{d}\theta^2}<0$ 处。

当 $2\pi C_m V>TC_D AU_{\max}$ 时，在区间$(0,2\pi)$内只有 $\theta=\pi$ 满足最大值条件。其最大值为：

$$R_{\max}=\frac{2\pi U_{\max}}{T}\rho C_m V \tag{E8}$$

若 $2\pi C_m V \leqslant TC_D AU_{max}$ 时，则动能项不可忽视。对于 $2\pi C_m V < TC_D AU_{max}$ 时，将 $\cos\theta = -\frac{2\pi C_m V}{TC_D AU_{max}}$ 代入(E-6)，得：

$$F_{max} = \frac{\rho}{2} C_D AU_{max}^2 + \frac{2\pi^2 C_m^2 \rho V^2}{C_D AT^2} \tag{E9}$$

对于 $2\pi C_m V = TC_D AU_{max}$ 时，则 $\cos\theta = -\frac{2\pi C_m V}{TC_D AU_{max}} = -1$，即 $\sin\theta = 0$。对于一般情况，均可根据 $R = R_1 + R_2$，由 $|R| \leqslant |R_1| + |R_2|$，得 $|R|_{max} \leqslant |R_1|_{max} + |R_2|_{max}$，即

$$R_{max} \leqslant \left|\frac{\rho}{2} C_D AU_{max}^2 \sin^2\theta\right|_{max} + \left|-\frac{2\pi U_{max}}{T} C_{max} \rho V \cos\theta\right|_{max}$$

又因 $\sin\theta$、$\cos\theta$ 不可能同时达到 1，所以

$$\left.\begin{aligned} R_{max} &< \frac{\rho}{2} C_D AU_{max}^2 + \frac{2\pi U_{max}}{T} C_m \rho V \\ U_{max} &= f(H, h, L, D) \end{aligned}\right\} \tag{E10}$$

在实际情况下，鱼礁还受海流影响，即 $U = U_0 + U_{max} \sin\theta$，此时鱼礁所受流体动力可能达到的最大值 F_{max} 满足下列不等式：

$$F_{max} < \frac{\rho}{2} C_D A (U_0 + U_{max})^2 + \frac{2\pi U_{max}}{T} C_m \rho V \tag{E11}$$

取 $F_{max} = \frac{\rho}{2} C_D A (U_0 + U_{max})^2 + \frac{2\pi U_{max}}{T} C_m \rho V$ 即可。

无论鱼礁形状及放置方向如何，即不论 $2\pi C_m V >$ 或 $< TC_D AU_{max}$，鱼礁所受流体力可能达到的最大值均满足不等式(E-10)（在不考虑海流情况下）或不等式(E-11)（在考虑海流流速 U_0 情况下）。

由式(E-7)可知，当 $\theta = \pi$ 时，

$$R\pi = \frac{2\pi}{T} \rho C_D V U_{max} \tag{E12}$$

当 $\theta = \pi/2$ 时，

$$R\frac{\pi}{2} = \frac{1}{2} \rho C_D V U_{max}^2 \tag{E13}$$

$$U_{max} = \frac{\pi H}{T} \cdot \frac{ch\frac{2\pi D}{L}}{sh\frac{2\pi D}{L}} \tag{E14}$$

式中，D 为礁体离海底的高度。只要能测出 $R\pi$、$R\pi/2$ 的值，便可由式(E-12)、(E-13)和(E-14)求出 C_m、C_D 值。$R\pi$ 为 $\theta = \pi$ 时的阻力，$R\pi/2$ 为 $\theta = \pi/2$ 时的阻力。

4 试验结果分析

(1) 试验结果分析的内容包括：波陡、波高与阻力的关系；摩擦阻力系数和鱼礁稳定临界波高等参数的分析。

(2) 在测定鱼礁与底质之间的摩擦力时，由于模拟底质较为困难，建议把模型的线尺度比放大。

附录F　粉煤灰混凝土配合比计算方法

1　基准混凝土配合比计算方法

1.1　根据混凝土结构设计要求的强度和标准差的计算方法

（1）混凝土的试配强度，应按下列公式计算：

$$R_h = R_0 + \sigma_0 \tag{F1}$$

式中：R_h——混凝土的试配强度（MPa）；

R_0——混凝土设计要求的强度（MPa）；

σ_0——混凝土强度标准差（MPa）。

当施工单位具有30组以上混凝土试配强度的历史资料时，σ_0可按下式求得：

$$\sigma_0 = \sqrt{\frac{\sum_{i=1}^{n} R_i^2 - nR_n^2}{n-1}} \tag{F2}$$

式中：R_i——第R_i组的试块强度（MPa）；

R_n——n组试块强度的平均值（MPa）。

当施工单位无历史统计资料时，σ_0可按表F1取值。

表F1　混凝土强度标准差

R_0/MPa	20～40	>40
σ_0/MPa	4.5	5.5

（2）根据试配强度R_h，应按下式计算水胶比值：

$$R_h = A \cdot R_c (C/W - B) \tag{F3}$$

式中：R_c——水泥的实际强度（MPa）；

C/W——混凝土的灰水比；

A、B——试验系数。当缺乏A、B试验系数时，可按附表F2选取（仅适用于骨料为干燥状态）。

表F2　试验系数A、B

试验系数	采用碎石	采用卵石
A	0.46	0.48
B	0.52	0.61

（3）根据骨料最大粒径及混凝土坍落度，选择用水量（W_0），可按附表F3选用。

表F3　混凝土用水量

粗骨料最大粒径（mm）	20	40	80	150
混凝土用水量（kg/m³）	165～185	145～165	125～145	105～125

(4) 根据水胶比、粗骨料最大粒径及砂细度模数选用砂率，可参考附表 F4 选用。

表 F4　混凝土砂率

粗骨料最大粒径/mm	20	40	80	150
砂率/%	38～42	32～36	24～28	19～23

(5) 水泥的用量(C_0)，应按下式计算：

$$C_0 = (C/W) \cdot W_0 \tag{F4}$$

(6) 水泥浆的体积(V_p)，应按下式计算：

$$V_p = \frac{C_0}{\gamma_c} + W_0 \tag{F5}$$

式中：γ_c——水泥比重。

(7) 砂和石料的总体积(V_A)，应按下式计算：

$$V_A = 1\,000(1-a) - V_P \tag{F6}$$

式中：a——混凝土含气量(%)。对于不掺外加剂的混凝土，可按附表 F5 选取。

表 F5　混凝土含气量

骨料最大粒径/mm	20	40	80	150
混凝土含气量/%	2	1	忽略不计	

(8) 砂料的重量(S_0)，应按下式计算：

$$S_0 = V_A \cdot Q_s \cdot \gamma_s \tag{F7}$$

式中：γ_s——砂料比重；

Q_s——砂率(%)。

(9) 石料的重量(G_0)，应按下式计算：

$$G_0 = V_A \cdot (1 - Q_s) \cdot \gamma_g \tag{F8}$$

式中：γ_g——石料比重。

1.2　混凝土结构设计要求的强度 R_0 和强度保证率 P 及离差系数 C_v 的计算方法

(1) 计算出要求的试配强度：混凝土试配强度应等于设计强度 R_0 乘以系数 K，K 值与混凝土强度保证率和离差系数有关，可按附表 F6 查得。

表 F6　K 值表

C_v \ P/%	95	90	85	80	75
0.10	1.18	1.15	1.12	1.09	1.08
0.13	1.26	1.20	1.15	1.12	1.10
0.15	1.32	1.24	1.19	1.15	1.12
0.18	1.40	1.30	1.22	1.18	1.14

续表

C_v \ $P/\%$	95	90	85	80	75
0.20	1.49	1.35	1.26	1.20	1.16
0.25	1.68	1.47	1.35	1.27	1.21

表中 P 值根据礁体类型，由鱼礁设计单位规定。

C_v 值由混凝土施工质量水平决定，可预先选用。当混凝土强度在 20 MPa 及以上时可选用 0.15；在 20 MPa 以下时可选用 0.20。以后根据施工资料调整。C_v 值应按下列方法计算：

1）计算平均强度 R_m——总体强度的特征值，指同一强度等级的混凝土若干组试件抗压强度的算术平均值，应按下列公式计算：

$$R_m = \frac{\sum_{i=1}^{n} R_i}{n} \quad \text{(F9)}$$

式中：R_i——第 i 组试件的平均极限抗压强度（MPa）；

n——试件的组数。

2）混凝土强度的标准差 σ_0，应按下列公式计算：

$$\sigma_0 = \sqrt{\frac{1}{n-1}\sum_{i=1}^{n}(R_i - R_m)^2} \quad \text{(F10)}$$

3）混凝土强度的离差系数 C_v，应按下列公式计算：

$$C_v = \frac{\sigma_0}{R_m} \quad \text{(F11)}$$

（2）水胶比、用水量、砂率、水泥用量及砂料石料重量的计算或选用方法与本附录第 1.1 款第 2 项至第 9 项的内容相同。

（3）基准混凝土配合比各种材料用量为：C_0、W_0、S_0、G_0。

2　等量取代法配合比计算方法

（1）根据确定的粉煤灰等量取代水泥量 f（%）和基准混凝土水泥用量 C_0，应按下式计算粉煤灰用量 F 和粉煤灰混凝土中的水泥量 C：

$$F = C_0 \cdot f \quad \text{(F12)}$$

$$C = C_0 - F \quad \text{(F13)}$$

（2）根据等稠度原则，选定与基准混凝土相同或稍低的水胶比，计算粉煤灰混凝土的用水量 W。

（3）水泥和粉煤灰的浆体体积 V_p，应按下式计算：

$$V_p = \frac{C}{\gamma_c} + \frac{F}{\gamma_f} + W \quad \text{(F14)}$$

式中：γ_f——粉煤灰比重。

（4）砂料和石料的总体积 V_A，应按下式计算：

$$V_A = 1\,000(1-a) - V_p \quad \text{(F15)}$$

（5）选用与基准混凝土相同或稍低的砂率 Q_s、砂料 S 和石料 G 的重量，应按下式计算：

$$S = V_A \cdot Q_s \cdot \gamma_s \tag{F16}$$

$$G = V_A \cdot (1 - Q_s) \cdot \gamma_g \tag{F17}$$

（6）等量取代法粉煤灰混凝土配合比各种材料用量为：C、F、W、S、G。

3　超量取代法配合比计算方法

（1）根据基准混凝土计算出的各种材料用量 C_0、W_0、S_0、G_0，选取粉煤灰取代水泥率 f(%)和超量系数 K，对各种材料进行计算调整。

（2）粉煤灰取代水泥量 F、总掺量 F_t 及超量部分重量 F_e，应按下式计算：

$$F = C_0 \cdot f \tag{F18}$$

$$F_t = K \cdot F \tag{F19}$$

$$F_e = (K - 1) \cdot F \tag{F20}$$

（3）水泥的重量 C，应按下式计算：

$$C = C_0 - F \tag{F21}$$

（4）粉煤灰超量部分的体积应按下式计算，即在砂料中扣除同体积的砂重，求出调整后的砂重 S_e：

$$S_e = S_0 - \frac{F_e}{\gamma_f} \cdot \gamma_s \tag{F22}$$

（5）超量取代粉煤灰混凝土的各种材料用量为：C、F_t、S_e、W_0、G_0。

4　外加法配合比计算方法

（1）根据基准混凝土计算出的各种材料用量 C_0、W_0、S_0、G_0，选定外加粉煤灰掺入率 f_m(%)，对各种材料进行计算调整。

（2）外加粉煤灰的重量 F_m，应按下式计算：

$$F_m = C_0 \cdot f_m \tag{F23}$$

（3）外加粉煤灰的体积，应按下式计算，即在砂料中扣除同体积的砂重，求出调整后的砂重 S_m；

$$S_m = S_0 - \frac{F_m}{\gamma_f} \cdot \gamma_s \tag{F24}$$

（4）外加粉煤灰混凝土的各种材料用量为：C_0、F_m、S_m、W_0、G_0。

附录G 混凝土外加剂对水泥的适应性检测方法

本检测方法适用于检测各类混凝土减水剂及减水剂复合的各种外加剂对水泥的适应性,也可用于检测其对矿物掺合料的适应性。

1 检测所用仪器设备应符合下列规定

(1) 水泥净浆搅拌机;

(2) 截锥形圆模:上口内径为36 mm,下口内径为60 mm,高度为60 mm,内壁光滑无接缝的金属制品;

(3) 玻璃板:400 mm×400 mm×5 mm;

(4) 钢直尺:300 mm;

(5) 刮刀;

(6) 秒表,时钟;

(7) 药物天平:称量100 g,感量1 g;

(8) 电子天平:称量50 g,感量0.05 g。

2 水泥适应性检测方法按下列步骤进行

(1) 将玻璃板放置在水平位置,用湿布将玻璃板、截锥圆模、搅拌器及搅拌锅均匀擦过,使其表面湿而不带水滴。

(2) 将截锥圆模放在玻璃板中央,并用湿布覆盖待用。

(3) 称取水泥600 g,倒入搅拌锅内。

(4) 对某种水泥需选择外加剂时,每种外加剂应分别加入不同掺量;对某种外加剂选择水泥时,每种水泥应分别加入不同掺量的外加剂。对不同品种外加剂,不同掺量应分别进行试验。

(5) 加入174 g或210 g水(外加剂为水剂时,应扣除其含水量),搅拌4 min。

(6) 将拌好的净浆迅速注入截锥圆模内,用刮刀刮平,将截锥圆模按垂直方向提起,同时,开启秒表计时,至30 s时用直尺量取流淌水泥净浆互相垂直的两个方向的最大直径,取平均值作为水泥净浆初始流动度。此水泥净浆不再倒入搅拌锅内。

(7) 已测定过流运度的水泥净浆,在加水后的30、60 min,开启搅拌机,搅拌4 min,分别测定相应时间的水泥净浆流动度。

3 测试结果应按下列方法分析

(1) 绘制以掺量为横坐标,流动度为纵坐标的曲线。其中饱和点(外加剂掺量与水泥净浆流动度变化曲线的拐点)外加剂掺量低、流动度大,流动度损失小的外加剂对水泥的适应性好。

(2) 需注明所用外加剂和水泥的品种、等级、生产厂及试验室温度、相对湿度等。如果水胶比与本规定不符,也需注明。

附录 H　钢筋的强度标准值和抗压设计值

普通钢筋的强度标准值系根据屈服强度确定，用 f_{yk} 表示；预应力钢绞线、钢丝、钢棒和螺纹钢筋的强度标准值系根据极限强度确定，用 f_{ptk} 表示。

普通钢筋的强度标准值 f_{yk} 及抗拉、抗压设计值 f_y、f'_y，应按表 H1、H2 选用；预应力钢筋的屈服强度标准值 f_{pyk}，极限强度标准值 f_{ptk} 及抗拉、抗压设计值 f_{py}、f'_{py}，应按表 H3、H4 选用。

表 H1　普通钢筋强度标准值

种类	符号	公称直径 d mm	屈服强度标准值 f_{yk} (N/mm²)	极限强度标准值 f_{ptk} (N/mm²)
HPB300	ϕ	6～22	300	420
HRB335	$\underline{\phi}$	6～50	335	455
HRB400	$\underline{\Phi}$	6～50	400	540
RRB400	$\underline{\Phi}^{R}$			
HRB500	$\overline{\underline{\Phi}}$	6～50	500	630

表 H2　普通钢筋强度设计值

种类	符号	抗拉设计值 f_y (N/mm²)	抗压设计值 f'_y (N/mm²)
HPB300	ϕ	270	270
HRB335	$\underline{\phi}$	300	300
HRB400	$\underline{\Phi}$	360	360
RRB400	$\underline{\Phi}^{R}$		
HRB500	$\overline{\underline{\Phi}}$	435	435

表 H3　预应力钢筋强度标准值

种类		符号	公称直径 d(mm)	屈服度强度标准值 f_{pyk}(N/mm²)	极限强度标准值 f_{ptk}(N/mm²)
中强度预应力钢丝	光面 螺旋肋	Φ^{PM} φ^{HM}	5、7、9	620	800
				780	970
				980	1270
				930	1 080
				1 080	1 230

续表

种类		符号	公称直径 d(mm)	屈服度强度标准值 f_{pyk}(N/mm²)	极限强度标准值 f_{ptk}(N/mm²)
消除应力钢丝	光面 螺旋肋	Φ^P φ^H	5	1 380	1 570
				1 640	1 860
			7	1 380	1 570
			9	1 290	1 470
				1 380	1 570
钢绞线	1×3 (三股)	Φ^S	8.6、10.8、12.9	1 410	1 570
				1 670	1 860
				1 760	1 960
	1×7 (七股)		9.5、12.7、 15.2、17.8	1 540	1 720
				1 670	1 860
			21.6	1 590	1 770
				1 670	1 860

注:强度为 1 960 MPa 级的钢绞线作后张预应力配筋时,应有可靠的工程经验。

表 H4 预应力钢筋强度设计值

种类	f_{ptk}(N/mm²)	抗拉强度设计值 f_{py}(N/mm²)	抗压强度设计值 f'_{py}(N/mm²)
中强度预应力钢丝	800	510	410
	970	650	
	1 270	810	
消除应力钢丝	1 470	1 040	410
	1 570	1 110	
	1 860	1 320	
钢绞线	1 570	1 110	390
	1 720	1 220	
	1 860	1 320	
	1 960	1 390	
预应力螺纹钢筋	980	650	435
	1 080	770	
	1 230	900	

注:当预应力钢筋的强度标准值不符合本表的规定时,其强度设计值应进行相应的比例换算。

附录 I　国家危险废物名录

第一条　根据《中华人民共和国固体废物污染环境防治法》的有关规定，制定本名录。

第二条　具有下列情形之一的固体废物(包括液态废物)，列入本名录：

1. 具有毒性、腐蚀性、易燃性、反应性或者感染性一种或者几种危险特性的；

2. 不排除具有危险特性，可能对生态环境或者人体健康造成有害影响，需要按照危险废物进行管理的。

第三条　列入本名录附录《危险废物豁免管理清单》中的危险废物，在所列的豁免环节，且满足相应的豁免条件时，可以按照豁免内容的规定实行豁免管理。

第四条　危险废物与其他物质混合后的固体废物，以及危险废物利用处置后的固体废物的属性判定，按照国家规定的危险废物鉴别标准执行。

第五条　本名录中有关术语的含义如下：

1. 废物类别，是在《控制危险废物越境转移及其处置巴塞尔公约》划定的类别基础上，结合我国实际情况对危险废物进行的分类。

2. 行业来源，是指危险废物的产生行业。

3. 废物代码，是指危险废物的唯一代码，为 8 位数字。其中，第 1～3 位为危险废物产生行业代码[依据《国民经济行业分类(GB/T 4754—2017)》确定]，第 4～6 位为危险废物顺序代码，第 7～8 位为危险废物类别代码。

4.危险特性，是指对生态环境和人体健康具有有害影响的毒性(Toxicity，T)、腐蚀性(Corrosivity，C)、易燃性(Ignitability，I)、反应性(Reactivity，R)和感染性(Infectivity，In)。

第六条　对不明确是否具有危险特性的固体废物，应当按照国家规定的危险废物鉴别标准和鉴别方法予以认定。经鉴别具有危险特性的，属于危险废物，应当根据其主要有害成分和危险特性确定所属废物类别，并按代码“900-000-××”(××为危险废物类别代码)、进行归类管理。经鉴别不具有危险特性的，不属于危险废物。

第七条　本名录根据实际情况实行动态调整。

表 I1　国家危险废物名录

废物类别	行业来源	废物代码	危险废物	危险特性
HW01 医疗废物 2	卫生	841-001-01	感染性废物	In
		841-002-01	损伤性废物	In
		841-003-01	病理性废物	In
		841-004-01	化学性废物	T/C/I/R
		841-005-01	药物性废物	T
HW02 医药废物	化学药品 原料药制造	271-001-02	化学合成原料药生产过程中产生的蒸馏及反应残余物	T
		271-002-02	化学合成原料药生产过程中产生的废母液及反应基废物	T

续表

废物类别	行业来源	废物代码	危险废物	危险特性
HW02 医药废物	化学药品 原料药制造	271-003-02	化学合成原料药生产过程中产生的废脱色过滤介质	T
		271-004-02	化学合成原料药生产过程中产生的废吸附剂	T
		271-005-02	化学合成原料药生产过程中的废弃产品及中间体	T
	化学药品 制剂制造	272-001-02	化学药品制剂生产过程中原料药提纯精制、再加工产生的蒸馏及反应残余物	T
		272-003-02	化学药品制剂生产过程中产生的废脱色过滤介质及吸附剂	T
		272-005-02	化学药品制剂生产过程中产生的废弃产品及原料药	T
	兽用药品制造	275-001-02	使用砷或有机砷化合物生产兽药过程中产生的废水处理污泥	T
		275-002-02	使用砷或有机砷化合物生产兽药过程中产生的蒸馏残余物	T
		275-003-02	使用砷或有机砷化合物生产兽药过程中产生的废脱色过滤介质及吸附剂	T
		275-004-02	其他兽药生产过程中产生的蒸馏及反应残余物	T
		275-005-02	其他兽药生产过程中产生的废脱色过滤介质及吸附剂	T
		275-006-02	兽药生产过程中产生的废母液、反应基和培养基废物	T
		275-008-02	兽药生产过程中产生的废弃产品及原料药	T
	生物药品 制品制造	276-001-02	利用生物技术生产生物化学药品、基因工程药物过程中产生的蒸馏及反应残余物	T
		276-002-02	利用生物技术生产生物化学药品、基因工程药物(不包括利用生物技术合成氨基酸、维生素他汀类降脂药物、降糖类药物)过程中产生的废母液、反应基和培养基废物	T
		276-003-02	利用生物技术生产生物化学药品、基因工程药物(不包括利用生物技术合成氨基酸、维生素、他汀类降脂药物、降糖类药物)过程中产生的废脱色过滤介质	T
		276-004-02	利用生物技术生产生物化学药品、基因工程药物过程中产生的废吸附剂	T
		276-005-02	利用生物技术生产生物化学药品、基因工程药物过程中产生的废弃产品、原料药和中间体	T

续表

废物类别	行业来源	废物代码	危险废物	危险特性
HW03 废药物、药品	非特定行业	900-002-03	销售及使用过程中产生的失效、变质、不合格、淘汰、伪劣的化学药品和生物制品(不包括列入《国家基本药物目录》中的维生素、矿物质类药节水、电解质及酸碱平衡药),以及《医疗用毒性药品管理办法》中所列的毒性中药	T
HW04 农药废物	农药制造	263-001-04	氯丹生产过程中六氯环戊二烯过滤产生的残余物,及氯化反应器真空汽提产生的废物	T
		263-002-04	乙拌磷生产过程中甲苯回收工艺产生的蒸馏残渣	T
		263-003-04	甲拌磷生产过程中二乙基二硫代磷酸过滤产生的残余物	T
		263-004-04	2,4,5-三氯苯氧乙酸生产过程中四氯苯蒸馏产生的重馏分及蒸馏残余物	T
		263-005-04	2,4-二氯苯氧乙酸生产过程中苯酚氯化工段产生的含 2,6-二氯苯酚精馏残渣	T
		263-006-04	乙烯基双二硫代氨基甲酸及其盐类生产过程中产生的过滤、蒸发和离心分离残余物及废水处理污泥,产品研磨和包装工序集(除)尘装置收集的粉尘和地面清扫废物	T
		263-007-04	溴甲烷生产过程中产生的废吸附剂、反应器产生的蒸馏残液和废水分离器产生的废物	T
		263-008-04	其他农药生产过程中产生的蒸馏及反应残余物(不包括赤霉酸发酵滤渣)	T
		263-009-04	农药生产过程中产生的废母液、反应罐及容器清洗废液	T
		263-010-04	农药生产过程中产生的废滤料及吸附剂	T
		263-011-04	农药生产过程中产生的废水处理污泥	T
		263-012-04	农药生产、配制过程中产生的过期原料和废弃产品	T
HW07 热处理 含氰废物	金属表面处理及热处理加工	336-001-07	使用氰化物进行金属热处理产生的淬火池残渣	T,R
		336-002-07	使用氰化物进行金属热处理产生的淬火废水处理污泥	T,R
		336-003-07	含氰热处理炉维修过程中产生的废内衬	T,R
		336-004-07	热处理渗碳炉产生的热处理渗碳氰渣	T,R
		336-005-07	金属热处理工艺盐浴槽(釜)清洗产生的含氰残渣和含氰废液	T,R
		336-049-07	氰化物热处理和退火作业过程中产生的残渣	T,R
		071-002-08	以矿物油为连续相配制钻井泥浆用于石油开采所产生的钻井岩屑和废弃钻井泥浆	T

续表

废物类别	行业来源	废物代码	危险废物	危险特性
HW07 热处理 含氰废物	天然气开采	072-001-08	以矿物油为连续相配制钻井泥浆用于天然气开采所产生的钻井岩屑和废弃钻井泥浆	T
	精炼石油产品制造	251-001-08	清洗矿物油储存、输送设施过程中产生的油/水和烃/水混合物	T
		251-002-08	石油初炼过程中储存设施、油-水-固态物质分离器、积水槽、沟渠及其他输送管道、污水池雨水收集管道产生的含油污泥	T,I
		251-003-08	石油炼制过程中含油废水隔油、气浮、沉淀等处理过程中产生的浮油、浮渣和污泥(不包括废水生化处理污泥)	T
		251-004-08	石油炼制过程中溶气浮选工艺产生的浮渣	T,I
		251-005-08	石油炼制过程中产生的溢出废油或乳剂	T,I
		251-006-08	石油炼制换热器管束清洗过程中产生的含油污泥	T
		251-010-08	石油炼制过程中澄清油浆槽底沉积物	T,I
		251-011-08	石油炼制过程中进油管路过滤或分离装置产生的残渣	T,I
		251-012-08	石油炼制过程中产生的废过滤介质	T
	电子元件及专用材料制造	398-001-08	锂电池隔膜生产过程中产生的废白油	T
	橡胶制品业	291-001-08	橡胶生产过程中产生的废溶剂油	T,I
	非特定行业	900-199-08	内燃机、汽车、轮船等集中拆解过程产生的废矿物油及油泥	T,I
		900-200-08	珩磨、研磨、打磨过程产生的废矿物油及油泥	T,I
		900-201-08	清洗金属零部件过程中产生的废弃煤油、柴油、汽油及其他由石油和煤炼制生产的溶剂油	T,I
		900-203-08	使用淬火油进行表面硬化处理产生的废矿物油	T
		900-204-08	使用轧制油、冷却剂及酸进行金属轧制产生的废矿物油	T
		900-205-08	镀锡及焊锡回收工艺产生的废矿物油	T
		900-209-08	金属、塑料的定型和物理机械表面处理过程中产生的废石蜡和润滑油	T,I
		900-210-08	含油废水处理中隔油、气浮、沉淀等处理过程中产生的浮油、浮渣和污泥(不包括废水生化处理污泥)	T,I
		900-213-08	废矿物油再生净化过程中产生的沉淀残渣、过滤残渣、废过滤吸附介质	T,I
		900-214-08	车辆、轮船及其他机械维修过程中产生的废发动机油、制动器油、自动变速器油、齿轮油等废润滑油	T,I

续表

废物类别	行业来源	废物代码	危险废物	危险特性
HW08 废矿物油与含矿物油废物	非特定行业	900-215-08	废矿物油裂解再生过程中产生的裂解残渣	T,I
		900-216-08	使用防锈油进行铸件表面防锈处理过程中产生的废防锈油	T,I
		900-217-08	使用工业齿轮油进行机械设备润滑过程中产生的废润滑油	T,I
		900-218-08	液压设备维护、更换和拆解过程中产生的废液压油	T,I
		900-219-08	冷冻压缩设备维护、更换和拆解过程中产生的废冷冻机油	T,I
		900-220-08	变压器维护、更换和拆解过程中产生的废变压器油	T,I
		900-221-08	废燃料油及燃料油储存过程中产生的油泥	T,I
		900-249-08	其他生产、销售、使用过程中产生的废矿物油及沾染矿物油的废弃包装物	T,I
HW09 油/水、烃/水混合物或乳化液	非特定行业	900-005-09	水压机维护、更换和拆解过程中产生的油/水烃/水混合物或乳化液	T
		900-006-09	使用切削油或切削液进行机械加工过程中产生的油/水、烃/水混合物或乳化液	T
		900-007-09	其他工艺过程中产生的油/水、烃/水混合物或乳化液	T
HW10 多氯(溴联苯类废物)	非特定行业	900-008-10	含有多氯联苯(PCBs)、多氯三联苯(PCTs)和多溴联苯(PBBs)的废弃电容器、变压器	T
		900-009-10	含有 PCBs、PCTs 和 PBBs 的电力设备的清洗液	T
		900-010-10	含有 PCBs、PCTs 和 PBBs 的电力设备中废弃的介质油、绝缘油、冷却油及导热油	T
		900-011-10	含有或沾染 PCBs、PCTs 和 PBBs 的废弃包装物及容器	T
HW11 精(蒸)馏残渣	精炼石油产品制造	251-013-11	石油精炼过程中产生的酸焦油和其他焦油	T
	煤炭加工	252-001-11	炼焦过程中蒸氨塔残渣和洗油再生残渣	T
		252-002-11	煤气净化过程氨水分离设施底部的焦油和焦油渣	T
		252-003-11	炼焦副产品回收过程中萘精制产生的残渣	T
		252-004-11	炼焦过程中焦油储存设施中的焦油渣	T
		252-005-11	煤焦油加工过程中焦油储存设施中的焦油渣	T
		252-007-11	炼焦及煤焦油加工过程中的废水池残渣	T
		252-009-11	轻油回收过程中的废水池残渣	T
		252-010-11	炼焦、煤焦油加工和苯精制过程中产生的废水处理污泥(不包括废水生化处理污泥)	T
		252-011-11	焦炭生产过程中硫铵工段煤气除酸净化产生的酸焦油	T

续表

废物类别	行业来源	废物代码	危险废物	危险特性
HW11 精(蒸) 馏残渣	煤炭加工	252-012-11	焦化粗苯酸洗法精制过程产生的酸焦油及其他精制过程产生的蒸馏残渣	T
		252-013-11	焦炭生产过程中产生的脱硫废液	T
		252-016-11	煤沥青改质过程中产生的闪蒸油	T
		252-017-11	固定床气化技术生产化工合成原料气、燃料油合成原料气过程中粗煤气冷凝产生的焦油和焦油渣	T
	燃气生产和供应业	451-001-11	煤气生产行业煤气净化过程中产生的煤焦油渣	T
		451-002-11	煤气生产过程中产生的废水处理污泥(不包括废水生化处理污泥)	T
		451-003-11	煤气生产过程中煤气冷凝产生的煤焦油	T
	基础化学原料制造	261-007-11	乙烯法制乙醛生产过程中产生的蒸馏残渣	T
		261-008-11	乙烯法制乙醛生产过程中产生的蒸馏次要馏分	T
		261-009-11	苄基氯生产过程中苄基氯蒸馏产生的蒸馏残渣	T
		261-010-11	四氯化碳生产过程中产生的蒸馏残渣和重馏分	T
		261-011-11	表氯醇生产过程中精制塔产生的蒸馏残渣	T
		261-012-11	异丙苯生产过程中精馏塔产生的重馏分	T
		261-013-11	萘法生产邻苯二甲酸酐过程中产生的蒸馏残渣和轻馏分	T
		261-014-11	邻二甲苯法生产邻苯二甲酸酐过程中产生的蒸馏残渣和轻馏分	T
		261-015-11	苯硝化法生产硝基苯过程中产生的蒸馏残渣	T
		261-016-11	甲苯二异氰酸酯生产过程中产生的蒸馏残渣和离心分离残渣	T
		261-017-11	1,1,1-三氯乙烷生产过程中产生的蒸馏残渣	T
		261-018-11	三氯乙烯和四氯乙烯联合生产过程中产生的蒸馏残渣	T
		261-019-11	苯胺生产过程中产生的蒸馏残渣	T
		261-020-11	苯胺生产过程中苯胺萃取工序产生的蒸馏残渣	T
		261-021-11	二硝基甲苯加氢法生产甲苯二胺过程中干燥塔产生的反应残余物	T
		261-022-11	二硝基甲苯加氢法生产甲苯二胺过程中产品精制产生的轻馏分	T
		261-023-11	二硝基甲苯加氢法生产甲苯二胺过程中产品精制产生的废液	T
		261-024-11	二硝基甲苯加氢法生产甲苯二胺过程中产品精制产生的重馏分	T
		261-025-11	甲苯二胺光气化法生产甲苯二异氰酸酯过程中溶剂回收塔产生的有机冷凝物	T

续表

废物类别	行业来源	废物代码	危险废物	危险特性
HW11 精(蒸)馏残渣	基础化学原料制造	261-026-11	氯苯、二氯苯生产过程中的蒸馏及分馏残渣	T
		261-027-11	使用羧酸肼生产1,1-二甲基肼过程中产品分离产生的残渣	T
		261-028-11	乙烯溴化法生产二溴乙烯过程中产品精制产生的蒸馏残渣	T
		261-029-11	α-氯甲苯、苯甲酰氯和含此类官能团的化学品生产过程中产生的蒸馏残渣	T
		261-030-11	四氯化碳生产过程中的重馏分	T
		261-031-11	二氯乙烯单体生产过程中蒸馏产生的重馏分	T
		261-032-11	氯乙烯单体生产过程中蒸馏产生的重馏分	T
		261-033-11	1,1,1-三氯乙烷生产过程中蒸汽汽提塔产生的残余物	T
		261-034-11	1,1,1-三氯乙烷生产过程中蒸馏产生的重馏分	T
		261-035-11	三氯乙烯和四氯乙烯联合生产过程中产生的重馏分	T
		261-100-11	苯和丙烯生产苯酚和丙酮过程中产生的重馏分	T
		261-101-11	苯泵式硝化生产硝基苯过程中产生的重馏分	T,R
		261-102-11	铁粉还原硝基苯生产苯胺过程中产生的重馏分	T
		261-103-11	以苯胺、乙酸酐或乙酰苯胺为原料生产对硝基苯胺过程中产生的重馏分	T
		261-104-11	对硝基氯苯胺氨解生产对硝基苯胺过程中产生的重馏分	T,R
		261-105-11	氨化法、还原法生产邻苯二胺过程中产生的重馏分	T
		261-106-11	苯和乙烯直接催化、乙苯和丙烯共氧化、乙苯催化脱氢生产苯乙烯过程中产生的重馏分	T
		261-107-11	二硝基甲苯还原催化生产甲苯二胺过程中产生的重馏分	T
		261-108-11	对苯二酚氧化生产二甲氧基苯胺过程中产生的重馏分	T
		261-109-11	萘磺化生产萘酚过程中产生的重馏分	T
		261-110-11	苯酚、三甲苯水解生产4,4 ??-二羟基二苯砜过程中产生的重馏分	T
		261-111-11	甲苯硝基化合物羰基化法、甲苯碳酸二甲酯法生产甲苯二异氰酸酯过程中产生的重馏分	T
		261-113-11	乙烯直接氯化生产二氯乙烷过程中产生的重馏分	T
		261-114-11	甲烷氯化生产甲烷氯化物过程中产生的重馏分	T

续表

废物类别	行业来源	废物代码	危险废物	危险特性
HW11 精(蒸) 馏残渣	基础化学 原料制造	261-115-11	甲醇氯化生产甲烷氯化物过程中产生的釜底残液	T
		261-116-11	乙烯氯醇法、氧化法生产环氧乙烷过程中产生的重馏分	T
		261-117-11	乙炔气相合成、氧氯化生产氯乙烯过程中产生的重馏分	T
		261-118-11	乙烯直接氯化生产三氯乙烯、四氯乙烯过程中产生的重馏分	T
		261-119-11	乙烯氧氯化法生产三氯乙烯、四氯乙烯过程中产生的重馏分	T
		261-120-11	甲苯光气法生产苯甲酰氯产品精制过程中产生的重馏分	T
		261-121-11	甲苯苯甲酸法生产苯甲酰氯产品精制过程中产生的重馏分	T
		261-122-11	甲苯连续光氯化法、无光热氯化法生产氯化苄过程中产生的重馏分	T
		261-123-11	偏二氯乙烯氢氯化法生产1,1,1-三氯乙烷过程中产生的重馏分	T
		261-124-11	醋酸丙烯酯法生产环氧氯丙烷过程中产生的重馏分	T
		261-125-11	异戊烷(异戊烯)脱氢法生产异戊二烯过程中产生的重馏分	T
		261-126-11	化学合成法生产异戊二烯过程中产生的重馏分	T
		261-127-11	碳五馏分分离生产异戊二烯过程中产生的重馏分	T
		261-128-11	合成气加压催化生产甲醇过程中产生的重馏分	T
		261-129-11	水合法、发酵法生产乙醇过程中产生的重馏分	T
		261-130-11	环氧乙烷直接水合生产乙二醇过程中产生的重馏分	T
		261-131-11	乙醛缩合加氢生产丁二醇过程中产生的重馏分	T
		261-132-11	乙醛氧化生产醋酸蒸馏过程中产生的重馏分	T
		261-133-11	丁烷液相氧化生产醋酸过程中产生的重馏分	T
		261-134-11	电石乙炔法生产醋酸乙烯酯过程中产生的重馏分	T
		261-135-11	氢氰酸法生产原甲酸三甲酯过程中产生的重馏分	T
		261-136-11	β-苯胺乙醇法生产靛蓝过程中产生的重馏分	T
	石墨及其他 非金属矿物 制品制造	309-001-11	电解铝及其他有色金属电解精炼过程中预焙阳极、碳块及其他碳素制品制造过程烟气处理所产生的含焦油废物	T
	环境治理业	772-001-11	废矿物油再生过程中产生的酸焦油	T

续表

废物类别	行业来源	废物代码	危险废物	危险特性
HW11 精(蒸)馏残渣	非特定行业	900-013-11	其他化工生产过程(不包括以生物质为主要原料的加工过程)中精馏、蒸馏和热解工艺产生的高沸点釜底残余物	T
HW12 染料、涂料废物	涂料、油墨、颜料及类似产品制造	264-002-12	铬黄和铬橙颜料生产过程中产生的废水处理污泥	T
		264-003-12	钼酸橙颜料生产过程中产生的废水处理污泥	T
		264-004-12	锌黄颜料生产过程中产生的废水处理污泥	T
		264-005-12	铬绿颜料生产过程中产生的废水处理污泥	T
		264-006-12	氧化铬绿颜料生产过程中产生的废水处理污泥	T
		264-007-12	氧化铬绿颜料生产过程中烘干产生的残渣	T
		264-008-12	铁蓝颜料生产过程中产生的废水处理污泥	T
		264-009-12	使用含铬、铅的稳定剂配制油墨过程中,设备清洗产生的洗涤废液和废水处理污泥	T
		264-010-12	油墨生产、配制过程中产生的废蚀刻液	T
		264-011-12	染料、颜料生产过程中产生的废母液、残渣、废吸附剂和中间体废物	T
		264-012-12	其他油墨、染料、颜料、油漆(不包括水性漆生产过程中产生的废水处理污泥)	T
		264-013-12	油漆、油墨生产、配制和使用过程中产生的含颜料、油墨的废有机溶剂	T
	非特定行业	900-250-12	使用有机溶剂、光漆进行光漆涂布、喷漆工艺过程中产生的废物	T,I
		900-251-12	使用油漆(不包括水性漆)、有机溶剂进行阻挡层涂敷过程中产生的废物	T,I
		900-252-12	使用油漆(不包括水性漆)、有机溶剂进行喷漆、上漆过程中产生的废物	T,I
		900-253-12	使用油墨和有机溶剂进行丝网印刷过程中产生的废物	T,I
		900-254-12	使用遮盖油、有机溶剂进行遮盖油的涂敷过程中产生的废物	T,I
		900-255-12	使用各种颜料进行着色过程中产生的废颜料	T
		900-256-12	使用酸、碱或有机溶剂清洗容器设备过程中剥离下的废油漆、废染料、废涂料	T,I,C
		900-299-12	生产、销售及使用过程中产生的失效、变质、不合格、淘汰、伪劣的油墨、染料、颜料、油漆(不包括水性漆)	T

续表

废物类别	行业来源	废物代码	危险废物	危险特性
HW13 有机 树脂类 废物	合成材料制造	265-101-13	树脂、合成乳胶、增塑剂、胶水/胶合剂合成过程产生的不合格产品(不包括热塑型树脂生产过程中聚合产物经脱除单体、低聚物、溶剂及其他助剂后产生的废料,以及热固型树脂固化后的固化体)	T
		265-102-13	树脂、合成乳胶、增塑剂、胶水/胶合剂生产过程中合成、酯化、缩合等工序产生的废母液	T
		265-103-13	树脂(不包括水性聚氨酯乳液、水性丙烯酸乳液水性聚氨酯丙烯酸复合乳液)、合成乳胶、增塑剂、胶水/胶合剂生产过程中精馏、分离、精制等工序产生的釜底残液、废过滤介质和残渣	T
		265-104-13	树脂(不包括水性聚氨酯乳液、水性丙烯酸乳液、水性聚氨酯丙烯酸复合乳液)、合成乳胶增塑剂、胶水/胶合剂合成过程中产生的废水处理污泥(不包括废水生化处理污泥)	T
	非特定行业	900-014-13	废弃的黏合剂和密封剂(不包括水基型和热熔型黏合剂和密封剂)	T
		900-015-13	湿法冶金、表面处理和制药行业重金属、抗生素提取、分离过程产生的废弃离子交换树脂,以及工业废水处理过程产生的废弃离子交换树脂	T
		900-016-13	使用酸、碱或有机溶剂清洗容器设备剥离下的树脂状、黏稠杂物	T
		900-451-13	废覆铜板、印刷线路板、电路板破碎分选回收金属后产生的废树脂粉	T
HW14 新化学 物质废物	非特定行业	900-017-14	研究、开发和教学活动中产生的,对人类或环境影响不明的化学物质废物	T/C/I/R
HW15 爆炸性废物	炸药、火工及焰火产品制造	267-001-15	炸药生产和加工过程中产生的废水处理污泥	R,T
		267-002-15	含爆炸品废水处理过程中产生的废活性炭	R,T
		267-003-15	生产、配制和装填铅基起爆药剂过程中产生的废水处理污泥	R,T
		267-004-15	三硝基甲苯生产过程中产生的粉红水、红水,以及废水处理污泥	T,R
HW16 感光材料 废物	专用化学产品制造	266-009-16	显(定)影剂、正负胶片、像纸、感光材料生产过程中产生的不合格产品和过期产品	T
		266-010-16	显(定)影剂、正负胶片、像纸、感光材料生产过程中产生的残渣和废水处理污泥	T

续表

废物类别	行业来源	废物代码	危险废物	危险特性
HW16 感光材料 废物	印刷	231-001-16	使用显影剂进行胶卷显影，使用定影剂进行胶卷定影，以及使用铁氰化钾、硫代硫酸盐进行影像减薄（漂白）产生的废显（定）影剂、胶片和废相纸	T
		231-002-16	使用显影剂进行印刷显影、抗蚀图形显影，以及凸版印刷产生的废显（定）影剂、胶片和废相纸	T
	电子元件及 电子专用材料制造	398-001-16	使用显影剂、氢氧化物、偏亚硫酸氢盐、醋酸进行胶卷显影产生的废显（定）影剂、胶片和废相纸	T
	影视节目制作	873-001-16	电影厂产生的废显（定）影剂、胶片及废相纸	T
	摄影扩印服务	806-001-16	摄影扩印服务行业产生的废显（定）影剂、胶片和废相纸	T
	非特定行业	900-019-16	其他行业产生的废显（定）影剂、胶片和废相纸	T
HW17 表面处理 废物	金属表面 处理及热处理 加工	336-050-17	使用氯化亚锡进行敏化处理产生的废渣和废水处理污泥	T
		336-051-17	使用氯化锌、氯化铵进行敏化处理产生的废渣和废水处理污泥	T
		336-052-17	使用锌和电镀化学品进行镀锌产生的废槽液、槽渣和废水处理污泥	T
		336-053-17	使用镉和电镀化学品进行镀镉产生的废槽液、槽渣和废水处理污泥	T
		336-054-17	使用镍和电镀化学品进行镀镍产生的废槽液、槽渣和废水处理污泥	T
		336-055-17	使用镀镍液进行镀镍产生的废槽液、槽渣和废水处理污泥	T
		336-056-17	使用硝酸银、碱、甲醛进行敷金属法镀银产生的废槽液、槽渣和废水处理污泥	T
		336-057-17	使用金和电镀化学品进行镀金产生的废槽液、槽渣和废水处理污泥	T
		336-058-17	使用镀铜液进行化学镀铜产生的废槽液、槽渣和废水处理污泥	T
		336-059-17	使用钯和锡盐进行活化处理产生的废渣和废水处理污泥	T
		336-060-17	使用铬和电镀化学品进行镀黑铬产生的废槽液、槽渣和废水处理污泥	T
		336-061-17	使用高锰酸钾进行钻孔除胶处理产生的废渣和废水处理污泥	T
		336-062-17	使用铜和电镀化学品进行镀铜产生的废槽液、槽渣和废水处理污泥	T
		336-063-17	其他电镀工艺产生的废槽液、槽渣和废水处理污泥	T

续表

废物类别	行业来源	废物代码	危险废物	危险特性
HW17 表面处理 废物	金属表面 处理及热处理 加工	336-064-17	金属或塑料表面酸(碱)洗、除油、除锈、洗涤、磷化、出光、化抛工艺产生的废腐蚀液、废洗涤液、废槽液、槽渣和废水处理污泥[不包括:铝、镁材(板)表面酸(碱)洗、粗化硫酸阳极处理、磷酸化学抛光废水处理污泥,铝电解电容器用铝电极箔化学腐蚀、非硼酸系化成液化成废水处理污泥,铝材挤压加工模具碱洗(煲模)废水处理污泥,碳钢酸洗除锈废水处理污泥]	T/C
		336-066-17	镀层剥除过程中产生的废槽液、槽渣和废水处理污泥	T
		336-067-17	使用含重铬酸盐的胶体、有机溶剂、黏合剂进行漩流式抗蚀涂布产生的废渣和废水处理污泥	T
		336-068-17	使用铬化合物进行抗蚀层化学硬化产生的废渣和废水处理污泥	T
		336-069-17	使用铬酸镀铬产生的废槽液、槽渣和废水处理污泥	T
		336-100-17	使用铬酸进行阳极氧化产生的废槽液、槽渣和废水处理污泥	T
		336-101-17	使用铬酸进行塑料表面粗化产生的废槽液、槽渣和废水处理污泥	T
HW18 焚烧处置 残渣	环境治理业	772-002-18	生活垃圾焚烧飞灰	T
		772-003-18	危险废物焚烧、热解等处置过程产生的底渣、飞灰和废水处理污泥	T
		772-004-18	危险废物等离子体、高温熔融等处置过程产生的非玻璃态物质和飞灰	T
		772-005-18	固体废物焚烧处置过程中废气处理产生的废活性炭	T
HW19 含金属羰基 化合物废物	非特定行业	900-020-19	金属羰基化合物生产、使用过程中产生的含有羰基化合物成分的废物	T
HW20 含铍废物	基础化学 原料制造	261-040-20	铍及其化合物生产过程中产生的熔渣、集(除尘装置收集的粉尘和废水处理污泥)	T
HW21 含铬废物	毛皮鞣制及 制品加工	193-001-21	使用铬鞣剂进行铬鞣、复鞣工艺产生的废水处理污泥和残渣	T
		193-002-21	皮革、毛皮鞣制及切削过程产生的含铬废碎料	T
	基础化学 原料制造	261-041-21	铬铁矿生产铬盐过程中产生的铬渣	T
		261-042-21	铬铁矿生产铬盐过程中产生的铝泥	T
		261-043-21	铬铁矿生产铬盐过程中产生的芒硝	T
		261-044-21	铬铁矿生产铬盐过程中产生的废水处理污泥	T

续表

废物类别	行业来源	废物代码	危险废物	危险特性
HW21 含铬废物	基础化学原料制造	261-137-21	铬铁矿生产铬盐过程中产生的其他废物	T
		261-138-21	以重铬酸钠和浓硫酸为原料生产铬酸酐过程中产生的含铬废液	T
	铁合金冶炼	314-001-21	铬铁硅合金生产过程中集(除)尘装置收集的粉尘	T
		314-002-21	铁铬合金生产过程中集(除)尘装置收集的粉尘	T
		314-003-21	铁铬合金生产过程中金属铬冶炼产生的铬浸出渣	T
	金属表面处理及热处理加工	336-100-21	使用铬酸进行阳极氧化产生的废槽液、槽渣和废水处理污泥	T
	电子元件及电子专用材料制造	398-002-21	使用铬酸进行钻孔除胶处理产生的废渣和废水处理污泥	T
HW22 含铜废物	玻璃制造	304-001-22	使用硫酸铜进行敷金属法镀铜产生的废槽液、槽渣和废水处理污泥	T
	电子元件及电子专用材料制造	398-004-22	线路板生产过程中产生的废蚀铜液	T
		398-005-22	使用酸进行铜氧化处理产生的废液和废水处理污泥	T
		398-051-22	铜板蚀刻过程中产生的废蚀刻液和废水处理污泥	T
HW23 含锌废物	金属表面处理及热处理加工	336-103-23	热镀锌过程中产生的废助镀熔(溶)剂和集(除尘装置收集的粉尘)	T
	电池制造	384-001-23	碱性锌锰电池、锌氧化银电池、锌空气电池生产过程中产生的废锌浆	T
	炼钢	312-001-23	废钢电炉炼钢过程中集(除)尘装置收集的粉尘和废水处理污泥	T
	非特定行业	900-021-23	使用氢氧化钠、锌粉进行贵金属沉淀过程中产生的废液和废水处理污泥	T
HW24 含砷废物	基础化学原料制造	261-139-24	硫铁矿制酸过程中烟气净化产生的酸泥	T
HW25 含硒废物	基础化学原料制造	261-045-25	硒及其化合物生产过程中产生的熔渣、集(除尘装置收集的粉尘和废水处理污泥)	T
HW26 含镉废物	电池制造	384-002-26	镍镉电池生产过程中产生的废渣和废水处理污泥	T
HW27 含锑废物	基础化学原料制造	261-046-27	锑金属及粗氧化锑生产过程中产生的熔渣和集(除)尘装置收集的粉尘	T
		261-048-27	氧化锑生产过程中产生的熔渣	T
HW28 含碲废物	基础化学原料制造	261-050-28	碲及其化合物生产过程中产生的熔渣、集(除尘装置收集的粉尘和废水处理污泥)	T

续表

废物类别	行业来源	废物代码	危险废物	危险特性
HW29 含汞废物	天然气开采	072-002-29	天然气除汞净化过程中产生的含汞废物	T
	常用有色金属矿采选	091-003-29	汞矿采选过程中产生的尾砂和集(除)尘装置收集的粉尘	T
	贵金属冶炼	322-002-29	混汞法提金工艺产生的含汞粉尘、残渣	T
	印刷	231-007-29	使用显影剂、汞化合物进行影像加厚(物理沉淀)以及使用显影剂、氨氯化汞进行影像加厚(氧化)产生的废液和残渣	T
	基础化学原料制造	261-051-29	水银电解槽法生产氯气过程中盐水精制产生的盐水提纯污泥	T
		261-052-29	水银电解槽法生产氯气过程中产生的废水处理污泥	T
		261-053-29	水银电解槽法生产氯气过程中产生的废活性炭	T
		261-054-29	卤素和卤素化学品生产过程中产生的含汞硫酸钡污泥	T
	合成材料制造	265-001-29	氯乙烯生产过程中含汞废水处理产生的废活性炭	T,C
		265-002-29	氯乙烯生产过程中吸附汞产生的废活性炭	T,C
		265-003-29	电石乙炔法生产氯乙烯单体过程中产生的废酸	T,C
		265-004-29	电石乙炔法生产氯乙烯单体过程中产生的废水处理污泥	T
	常用有色金属冶炼	321-030-29	汞再生过程中集(除)尘装置收集的粉尘,汞再生工艺产生的废水处理污泥	T
		321-033-29	铅锌冶炼烟气净化产生的酸泥	T
		321-103-29	铜、锌、铅冶炼过程中烟气氯化汞法脱汞工艺产生的废甘汞	T
	电池制造	384-003-29	含汞电池生产过程中产生的含汞废浆层纸、含汞废锌膏、含汞废活性炭和废水处理污泥	T
	照明器具制造	387-001-29	电光源用固汞及含汞电光源生产过程中产生的废活性炭和废水处理污泥	T
	通用仪器仪表制造	401-001-29	含汞温度计生产过程中产生的废渣	T
	非特定行业	900-022-29	废弃的含汞催化剂	T
		900-023-29	生产、销售及使用过程中产生的废含汞荧光灯管及其他废含汞电光源,及废弃含汞电光源处理处置过程中产生的废荧光粉、废活性炭和废水处理污泥	T
		900-024-29	生产、销售及使用过程中产生的废含汞温度计废含汞血压计、废含汞真空表、废含汞压力计废氧化汞电池和废汞开关	T
		900-452-29	含汞废水处理过程中产生的废树脂、废活性炭和污泥	T

续表

废物类别	行业来源	废物代码	危险废物	危险特性
HW30 含铊废物	基础化学原料制造	261-055-30	铊及其化合物生产过程中产生的熔渣、集(除尘装置收集的粉尘和废水处理污泥	T
HW31 含铅废物	玻璃制造	304-002-31	使用铅盐和铅氧化物进行显像管玻璃熔炼过程中产生的废渣	T
	电子元件及电子专用材料制造	398-052-31	线路板制造过程中电镀铅锡合金产生的废液	T
	电池制造	384-004-31	铅蓄电池生产过程中产生的废渣、集(除)尘装置收集的粉尘和废水处理污泥	T
	工艺美术及礼仪用品制造	243-001-31	使用铅箔进行烤钵试金法工艺产生的废烤钵	T
	非特定行业	900-052-31	废铅蓄电池及废铅蓄电池拆解过程中产生的废铅板、废铅膏和酸液	T,C
		900-025-31	使用硬脂酸铅进行抗黏涂层过程中产生的废物	T
HW32 无机氟化物废物	非特定行业	900-026-32	使用氢氟酸进行蚀刻产生的废蚀刻液	T,C
HW33 无机氰化物废物	贵金属矿采选	092-003-33	采用氰化物进行黄金选矿过程中产生的氰化尾渣和含氰废水处理污泥	T
	金属表面处理及热处理加工	336-104-33	使用氰化物进行浸洗过程中产生的废液	T,R
	非特定行业	900-027-33	使用氰化物进行表面硬化、碱性除油、电解除油产生的废物	T,R
		900-028-33	使用氰化物剥落金属镀层产生的废物	T,R
		900-029-33	使用氰化物和过氧化氢进行化学抛光产生的废物	T,R
HW34 废酸	精炼石油产品制造	251-014-34	石油炼制过程产生的废酸及酸泥	C,T
	涂料、油墨、颜料及类似产品制造	264-013-34	硫酸法生产钛白粉(二氧化钛)过程中产生的废酸	C,T
	基础化学原料制造	261-057-34	硫酸和亚硫酸、盐酸、氢氟酸、磷酸和亚磷酸硝酸和亚硝酸等的生产、配制过程中产生的废酸及酸渣	C,T
		261-058-34	卤素和卤素化学品生产过程中产生的废酸	C,T
	钢压延加工	313-001-34	钢的精加工过程中产生的废酸性洗液	C,T
	金属表面处理及热处理加工	336-105-34	青铜生产过程中浸酸工序产生的废酸液	C,T
	电子元件及电子专用材料制造	398-005-34	使用酸进行电解除油、酸蚀、活化前表面敏化催化、浸亮产生的废酸液	C,T
		398-006-34	使用硝酸进行钻孔蚀胶处理产生的废酸液	C,T
		398-007-34	液晶显示板或集成电路板的生产过程中使用酸浸蚀剂进行氧化物浸蚀产生的废酸液	C,T

续表

废物类别	行业来源	废物代码	危险废物	危险特性
HW34 废酸	非特定行业	900-300-34	使用酸进行清洗产生的废酸液	C,T
		900-301-34	使用硫酸进行酸性碳化产生的废酸液	C,T
		900-302-34	使用硫酸进行酸蚀产生的废酸液	C,T
		900-303-34	使用磷酸进行磷化产生的废酸液	C,T
		900-304-34	使用酸进行电解除油、金属表面敏化产生的废酸液	C,T
		900-305-34	使用硝酸剥落不合格镀层及挂架金属镀层产生的废酸液	C,T
		900-306-34	使用硝酸进行钝化产生的废酸液	C,T
		900-307-34	使用酸进行电解抛光处理产生的废酸液	C,T
		900-308-34	使用酸进行催化(化学镀)产生的废酸液	C,T
		900-349-34	生产、销售及使用过程中产生的失效、变质、不合格、淘汰、伪劣的强酸性擦洗粉、清洁剂污迹去除剂以及其他强酸性废酸液和酸渣	C,T
HW35 废碱	精炼石油产品制造	251-015-35	石油炼制过程产生的废碱液和碱渣	C,T
	基础化学原料制造	261-059-35	氢氧化钙、氨水、氢氧化钠、氢氧化钾等的生产、配制中产生的废碱液、固态碱和碱渣	C
	毛皮鞣制及制品加工	193-003-35	使用氢氧化钙、硫化钠进行浸灰产生的废碱液	C,R
	纸浆制造	221-002-35	碱法制浆过程中蒸煮制浆产生的废碱液	C,T
	非特定行业	900-350-35	使用氢氧化钠进行煮炼过程中产生的废碱液	C
		900-351-35	使用氢氧化钠进行丝光处理过程中产生的废碱液	C
		900-352-35	使用碱进行清洗产生的废碱液	C,T
		900-353-35	使用碱进行清洗除蜡、碱性除油、电解除油产生的废碱液	C,T
		900-354-35	使用碱进行电镀阻挡层或抗蚀层的脱除产生的废碱液	C,T
		900-355-35	使用碱进行氧化膜浸蚀产生的废碱液	C,T
		900-356-35	使用碱溶液进行碱性清洗、图形显影产生的废碱液	C,T
		900-399-35	生产、销售及使用过程中产生的失效、变质、不合格、淘汰、伪劣的强碱性擦洗粉、清洁剂污迹去除剂以及其他强碱性废碱液、固态碱和碱渣	、C,T

续表

废物类别	行业来源	废物代码	危险废物	危险特性
HW36 石棉废物	石棉及其他非金属矿采选	109-001-36	石棉矿选矿过程中产生的废渣	T
	基础化学原料制造	261-060-36	卤素和卤素化学品生产过程中电解装置拆换产生的含石棉废物	T
	石膏、水泥制品及类似制品制造	302-001-36	石棉建材生产过程中产生的石棉尘、废石棉	T
	耐火材料制品制造	308-001-36	石棉制品生产过程中产生的石棉尘、废石棉	T
	汽车零部件及配件制造	367-001-36	车辆制动器衬片生产过程中产生的石棉废物	T
	船舶及相关装置制造	373-002-36	拆船过程中产生的石棉废物	T
	非特定行业	900-030-36	其他生产过程中产生的石棉废物	T
		900-031-36	含有石棉的废绝缘材料、建筑废物	T
		900-032-36	含有隔膜、热绝缘体等石棉材料的设施保养拆换及车辆制动器衬片的更换产生的石棉废物	T
HW37 有机磷化合物废物	基础化学原料制造	261-061-37	除农药以外其他有机磷化合物生产、配制过程中产生的反应残余物	T
		261-062-37	除农药以外其他有机磷化合物生产、配制过程中产生的废过滤吸附介质	T
		261-063-37	除农药以外其他有机磷化合物生产过程中产生的废水处理污泥	T
	非特定行业	900-033-37	生产、销售及使用过程中产生的废弃磷酸酯抗燃油	T
HW38 有机氰化物废物	基础化学原料制造	261-064-38	丙烯腈生产过程中废水汽提器塔底的残余物	T,R
		261-065-38	丙烯腈生产过程中乙腈蒸馏塔底的残余物	T,R
		261-066-38	丙烯腈生产过程中乙腈精制塔底的残余物	T
		261-067-38	有机氰化物生产过程中产生的废母液和反应残余物	T
		261-068-38	有机氰化物生产过程中催化、精馏和过滤工序产生的废催化剂、釜底残余物和过滤介质	T
		261-069-38	有机氰化物生产过程中产生的废水处理污泥	T
		261-140-38	废腈纶高温高压水解生产聚丙烯腈-铵盐过程中产生的过滤残渣	T
HW39 含酚废物	基础化学原料制造	261-070-39	酚及酚类化合物生产过程中产生的废母液和反应残余物	T
		261-071-39	酚及酚类化合物生产过程中产生的废过滤吸附介质、废催化剂、精馏残余物	T

续表

废物类别	行业来源	废物代码	危险废物	危险特性
HW40 含醚废物	基础化学 原料制造	261-072-40	醚及醚类化合物生产过程中产生的醚类残液、反应残余物、废水处理污泥(不包括废水生化处理污泥)	T
HW45 含有机 卤化物废物	基础化学 原料制造	261-078-45	乙烯溴化法生产二溴乙烯过程中废气净化产生的废液	T
		261-079-45	乙烯溴化法生产二溴乙烯过程中产品精制产生的废吸附剂	T
		261-080-45	芳烃及其衍生物氯代反应过程中氯气和盐酸回收工艺产生的废液和废吸附剂	T
		261-081-45	芳烃及其衍生物氯代反应过程中产生的废水处理污泥	T
		261-082-45	氯乙烷生产过程中的塔底残余物	T
		261-084-45	其他有机卤化物的生产过程(不包括卤化前的生产工段)中产生的残液、废过滤吸附介质、反应残余物、废水处理污泥、废催化剂(不包括上述HW04、HW06、HW11、HW12、HW13、HW39类别的废物)	T
		261-085-45	其他有机卤化物的生产过程中产生的不合格、淘汰、废弃的产品(不包括上述HW06、HW39类别的废物)	T
		261-086-45	石墨作阳极隔膜法生产氯气和烧碱过程中产生的废水处理污泥	T
HW46 含镍废物	基础化学原料 制造	261-087-46	镍化合物生产过程中产生的反应残余物及不合格、淘汰、废弃的产品	T
	电池制造	384-005-46	镍氢电池生产过程中产生的废渣和废水处理污泥	T
	非特定行业	900-037-46	废弃的镍催化剂	T,I
HW47 含钡废物	基础化学原料造	261-088-47	钡化合物(不包括硫酸钡)生产过程中产生的熔渣、集(除)尘装置收集的粉尘、反应残余物、废水处理污泥	T
	金属表面处理 及热处理加工	336-106-47	热处理工艺中产生的含钡盐浴渣	T
HW48 有色金属 采选和 冶炼废物	常用有色 金属矿采选	091-001-48	硫化铜矿、氧化铜矿等铜矿物采选过程中集(除)尘装置收集的粉尘	T
		091-002-48	硫砷化合物(雌黄、雄黄及硫砷铁矿)或其他含砷化合物的金属矿石采选过程中集(除)尘装置收集的粉尘	T

续表

废物类别	行业来源	废物代码	危险废物	危险特性
HW48 有色金属采选和冶炼废物	常用有色金属冶炼	321-002-48	铜火法冶炼过程中烟气处理集(除)尘装置收集的粉尘	T
		321-031-48	铜火法冶炼烟气净化产生的酸泥(铅滤饼)	T
		321-032-48	铜火法冶炼烟气净化产生的污酸处理过程产生的砷渣	T
		321-003-48	粗锌精炼加工过程中湿法除尘产生的废水处理污泥	T
		321-004-48	铅锌冶炼过程中,锌焙烧矿、锌氧化矿常规浸出法产生的浸出渣	T
		321-005-48	铅锌冶炼过程中,锌焙烧矿热酸浸出黄钾铁矾法产生的铁矾渣	T
		321-006-48	硫化锌矿常压氧浸或加压氧浸产生的硫渣(浸出渣)	T
		321-007-48	铅锌冶炼过程中,锌焙烧矿热酸浸出针铁矿法产生的针铁矿渣	T
		321-008-48	铅锌冶炼过程中,锌浸出液净化产生的净化渣包括锌粉-黄药法、砷盐法、反向锑盐法、铅锑合金锌粉法等工艺除铜、锑、镉、钴、镍等杂质过程中产生的废渣	T
		321-009-48	铅锌冶炼过程中,阴极锌熔铸产生的熔铸浮渣	T
		321-010-48	铅锌冶炼过程中,氧化锌浸出处理产生的氧化锌浸出渣	T
		321-011-48	铅锌冶炼过程中,鼓风炉炼锌锌蒸气冷凝分离系统产生的鼓风炉浮渣	T
		321-012-48	铅锌冶炼过程中,锌精馏炉产生的锌渣	T
		321-013-48	铅锌冶炼过程中,提取金、银、铋、镉、钴、铟、锗、铊、碲等金属过程中产生的废渣	T
		321-014-48	铅锌冶炼过程中,集(除)尘装置收集的粉尘	T
		321-016-48	粗铅精炼过程中产生的浮渣和底渣	T
		321-017-48	铅锌冶炼过程中,炼铅鼓风炉产生的黄渣	T
		321-018-48	铅锌冶炼过程中,粗铅火法精炼产生的精炼渣	T
		321-019-48	铅锌冶炼过程中,铅电解产生的阳极泥及阳极泥处理后产生的含铅废渣和废水处理污泥	T
		321-020-48	铅锌冶炼过程中,阴极铅精炼产生的氧化铅渣及碱渣	T
		321-021-48	铅锌冶炼过程中,锌焙烧矿热酸浸出黄钾铁矾法、热酸浸出针铁矿法产生的铅银渣	T

续表

废物类别	行业来源	废物代码	危险废物	危险特性
HW48 有色金属采选和冶炼废物	常用有色金属冶炼	321-022-48	铅锌冶炼烟气净化产生的污酸除砷处理过程产生的砷渣	T
		321-023-48	电解铝生产过程电解槽阴极内衬维修、更换产生的废渣(大修渣)	T
		321-024-48	电解铝铝液转移、精炼、合金化、铸造过程熔体表面产生的铝灰渣,以及回收铝过程产生的盐渣和二次铝灰	R,T
		321-025-48	电解铝生产过程产生的炭渣	T
		321-026-48	再生铝和铝材加工过程中,废铝及铝锭重熔、精炼、合金化、铸造熔体表面产生的铝灰渣,及其回收铝过程产生的盐渣和二次铝灰	R
		321-034-48	铝灰热回收铝过程烟气处理集(除)尘装置收集的粉尘,铝冶炼和再生过程烟气(包括:再生铝熔炼烟气、铝液熔体净化、除杂、合金化铸造烟气)处理集(除)尘装置收集的粉尘	T,R
		321-027-48	铜再生过程中集(除)尘装置收集的粉尘和湿法除尘产生的废水处理污泥	T
		321-028-48	锌再生过程中集(除)尘装置收集的粉尘和湿法除尘产生的废水处理污泥	T
		321-029-48	铅再生过程中集(除)尘装置收集的粉尘和湿法除尘产生的废水处理污泥	T
	稀有稀土金属冶炼	323-001-48	仲钨酸铵生产过程中碱分解产生的碱煮渣(钨渣)、除钼过程中产生的除钼渣和废水处理污泥	T
HW49 其他废物	石墨及其他非金属矿物制品制造	309-001-49	多晶硅生产过程中废弃的三氯化硅及四氯化硅	R,C
	环境治理	772-006-49	采用物理、化学、物理化学或生物方法处理或处置毒性或感染性危险废物过程中产生的废水处理污泥、残渣(液)	T/In
	非特定行业	900-039-49	烟气、VOCs治理过程(不包括餐饮行业油烟治理过程)产生的废活性炭,化学原料和化学制品脱色(不包括有机合成食品添加剂脱色)、除杂净化过程产生的废活性炭(不包括900-405-06、772-005-18、261-053-29、265-002-29、384-003-29、387-001-29类废物)	T

续表

废物类别	行业来源	废物代码	危险废物	危险特性
HW50 废催化剂	基础化学 原料制造	261-151-50	树脂、乳胶、增塑剂、胶水/胶合剂生产过程中合成、酯化、缩合等工序产生的废催化剂	T
		261-152-50	有机溶剂生产过程中产生的废催化剂	T
		261-153-50	丙烯腈合成过程中产生的废催化剂	T
		261-154-50	聚乙烯合成过程中产生的废催化剂	T
		261-155-50	聚丙烯合成过程中产生的废催化剂	T
		261-156-50	烷烃脱氢过程中产生的废催化剂	T
		261-157-50	乙苯脱氢生产苯乙烯过程中产生的废催化剂	T
		261-158-50	采用烷基化反应(歧化)生产苯、二甲苯过程中产生的废催化剂	T
		261-159-50	二甲苯临氢异构化反应过程中产生的废催化剂	T
		261-160-50	乙烯氧化生产环氧乙烷过程中产生的废催化剂	T
		261-161-50	硝基苯催化加氢法制备苯胺过程中产生的废催化剂	T
		261-162-50	以乙烯和丙烯为原料,采用茂金属催化体系生产乙丙橡胶过程中产生的废催化剂	T
		261-163-50	乙炔法生产醋酸乙烯酯过程中产生的废催化剂	T
		261-164-50	甲醇和氨气催化合成、蒸馏制备甲胺过程中产生的废催化剂	T
		261-165-50	催化重整生产高辛烷值汽油和轻芳烃过程中产生的废催化剂	T
		261-166-50	采用碳酸二甲酯法生产甲苯二异氰酸酯过程中产生的废催化剂	T
		261-167-50	合成气合成、甲烷氧化和液化石油气氧化生产甲醇过程中产生的废催化剂	T
		261-168-50	甲苯氯化水解生产邻甲酚过程中产生的废催化剂	T
		261-169-50	异丙苯催化脱氢生产 α-甲基苯乙烯过程中产生的废催化剂	T
		261-170-50	异丁烯和甲醇催化生产甲基叔丁基醚过程中产生的废催化剂	T
		261-171-50	以甲醇为原料采用铁钼法生产甲醛过程中产生的废铁钼催化剂	T
		261-172-50	邻二甲苯氧化法生产邻苯二甲酸酐过程中产生的废催化剂	T
		261-173-50	二氧化硫氧化生产硫酸过程中产生的废催化剂	T
		261-174-50	四氯乙烷催化脱氯化氢生产三氯乙烯过程中产生的废催化剂	T

续表

废物类别	行业来源	废物代码	危险废物	危险特性
HW50 废催化剂	基础化学原料制造	261-175-50	苯氧化法生产顺丁烯二酸酐过程中产生的废催化剂	T
		261-176-50	甲苯空气氧化生产苯甲酸过程中产生的废催化剂	T
		261-177-50	羟丙腈氨化、加氢生产 3-氨基-1-丙醇过程中产生的废催化剂	T
		261-178-50	β-羟基丙腈催化加氢生产 3-氨基-1-丙醇过程中产生的废催化剂	T
		261-179-50	甲乙酮与氨催化加氢生产 2-氨基丁烷过程中产生的废催化剂	T
		261-180-50	苯酚和甲醇合成 2,6-二甲基苯酚过程中产生的废催化剂	T
		261-181-50	糠醛脱羰制备呋喃过程中产生的废催化剂	T
		261-182-50	过氧化法生产环氧丙烷过程中产生的废催化剂	T
		261-183-50	除农药以外其他有机磷化合物生产过程中产生的废催化剂	T
	农药制造	263-013-50	化学合成农药生产过程中产生的废催化剂	T
	化学药品原料药制造	271-006-50	化学合成原料药生产过程中产生的废催化剂	T
	兽用药品制造	275-009-50	兽药生产过程中产生的废催化剂	T
	生物药品制品制造	276-006-50	生物药品生产过程中产生的废催化剂	T
	环境治理业	772-007-50	烟气脱硝过程中产生的废钒钛系催化剂	T
	非特定行业	900-048-50	废液体催化剂	T
		900-049-50	机动车和非道路移动机械尾气净化废催化剂	T

附录J 普通模板荷载计算方法

1 竖向荷载

(1) 模板和支架的自重力：按设计图计算。重度取值：对木材，针叶类按 6 kN/m^3 计(其中落叶松按 7.5 kN/m^3)，阔叶类按 8 kN/m^3 计，杉木和枞木可按 5 kN/m^3 计；对组合钢模板及连接件可按 0.5 kN/m^3 计，组合钢模板连接件及钢楞可按 0.75 kN/m^3 计。

(2) 新浇混凝土的重度，对普通混凝土重度可采用 24 kN/m^3。

(3) 钢筋自重标准值应根据设计图纸计算。

(4) 计算模板和直接支承模板的楞木时，均布荷载可取 2.5 kN/m^2，并以集中荷载 2.5 kN 进行验算，比较两者的计算弯矩值，按大值采用。

(5) 计算支承小楞的梁和楞木构件时，均布荷载可取 1.5 kN/m^2。

(6) 计算支架立柱及支承架构件时，均布荷载可取 1.0 kN/m^2。

(7) 模板单块宽度小于 150 mm 时，集中荷载可分布在相邻的两块上。

(8) 振捣混凝土所产生的荷载标准值：

1) 水平面模板可采用 2 kN/m^2；

2) 垂直面模板可采用 4 kN/m^2(作用范围在有效压力高度之内)。

2 水平荷载—新浇混凝土对模板侧压力

(1) 采用插入式振捣器，混凝土的浇筑速度在 6 m/h 以下时，混凝土对模板的最大侧压力可按下式计算：

$$F_{\max} = 8K_s + 24K_t V^{\frac{1}{2}} \tag{J1}$$

式中：$F_{\max}$——混凝土对模板的最大侧压力(kN/m^2)。

K_s——外加剂波动修正系数，不掺加外加剂时 1.0；掺缓凝作用外加剂时，取 2.0。

K_t——温度校正系数，可按附表 M1 采用。

V——混凝土浇筑速度(m/h)。

表 J1 温度校正系数 K_t

温度/℃	5	10	15	20	25	30	35
K_t	1.53	1.33	1.16	1.00	0.86	0.74	0.65

注：温度系指混凝土的温度，在一般情况下，可采用混凝土浇筑时的气温

(2) 采用外部振动器，在振动影响的高度内，混凝土对模板的最大侧压力可按下式计算：

$$F_{\max} = \gamma H \tag{J2}$$

式中：$F_{\max}$——混凝土对模板侧压力(kN/m^2)；

γ——混凝土的重度(kN/m^3)，一般取 24 kN/m^3；

H——对模板产生压力的混凝土浇筑层高度(m)，一般取 4 h 新浇筑的高度。

(3) 倾倒混凝土所产生的水平动力荷载可按表 J2 采用：

表 J2　倾倒混凝土产生的水平动力荷载

序号	向模板内供料的方法	水平荷载/(kN·m^{-2})
1	用溜槽串筒或直接由混凝土导管	2.0
2	用容重 0.2 m^3以下运输器具	2.0
3	用容重 0.2～0.8 m^3以下运输器具	4.0
4	用容重 0.8 m^3以下运输器具	6.0

注:作用在有效压力高度以内。

附录 K　山东省海洋功能区划

第一部分:总则

第一条　区划目的

为深入贯彻落实科学发展观,合理开发利用山东海洋资源,规范海域使用秩序,保护和改善海洋生态环境,提高海洋开发、控制、综合管理的能力,充分发挥海洋功能区划的约束和引导作用,统筹协调各类海洋开发活动,实现海域空间资源的优化配置,引导海洋经济转方式、调结构,推动海洋资源的科学开发,强化海洋环境保护,坚持在发展中保护、在保护中发展,实现规划用海、集约用海、生态用海、科技用海、依法用海,促进山东海洋经济平稳较快发展和社会和谐稳定。依据国家相关法律法规、海洋开发保护的方针政策及山东海洋开发利用和保护的实际情况,在 2004 年国务院批复的《山东省海洋功能区划》基础上,编制《山东省海洋功能区划(2011—2020 年)》(以下简称《区划》)。

第二条　区划依据

1. 中华人民共和国海域使用管理法
2. 中华人民共和国海洋环境保护法
3. 中华人民共和国海岛保护法
4. 中华人民共和国土地管理法
5. 中华人民共和国渔业法
6. 中华人民共和国海上交通安全法
7. 中华人民共和国港口法
8. 中华人民共和国军事设施保护法
9. 中华人民共和国防洪法
10. 中华人民共和国自然保护区条例
11. 中华人民共和国国民经济和社会发展第十二个五年规划纲要
12.《国务院关于全国海洋功能区划(2011—2020 年)的批复》(国函〔2012〕13 号)
13. 中国生物多样性保护战略与行动计划(2011—2030 年)(2010 年 9 月 15 日国务院常务会议第 126 次会议审议通过)
14. 黄河三角洲高效生态经济区发展规划(2009 年 12 月国务院以国函〔2009〕138 号文件批复)
15. 山东半岛蓝色经济区发展规划(2011 年 1 月 4 日国务院以国函〔2011〕1 号文件批复)
16. 山东省国民经济和社会发展第十二个五年规划纲要(山东省人民政府,2011 年 3 月)
17. 山东省海域使用管理条例(山东省第十届人民代表大会常务委员会第四次会议通过,2003 年 9 月 26 日)
18.《海洋功能区划技术导则》(GB/T 17108—2006)

第三条　区划目标

围绕打造山东半岛蓝色经济区和黄河三角洲高效生态经济区,合理配置海域资源,统筹协调行业用海,建立起符合海洋功能区划的海洋开发利用秩序,实现海域的合理开发和可持续利用，适应山东省国民经济和社会发展对于海洋的需求。

至2020年，实现以下主要目标：

增强海域管理在宏观调控中的作用。海域管理的法律、经济、行政和技术等手段不断完善，海洋功能区划的整体控制作用明显增强，海域使用权市场机制逐步健全，海域的国家所有权和海域使用权人的合法权益得到有效保障。

改善海洋生态环境，扩大海洋保护区面积。主要污染物排海总量得到初步控制，重点污染海域环境质量得到改善，局部海域海洋生态恶化趋势得到遏制，部分受损海洋生态系统得到初步修复，进一步加强近海及海岸湿地滩涂保护。至2020年，海洋保护区面积占到11%以上。

维持渔业用海基本稳定，加强水生生物资源养护。渔民生产生活和现代化渔业发展用海需求得到有力保障，重要渔业水域、水生野生动植物和水产种质资源保护区得到有效保护。至2020年，水域生态环境逐步得到修复，渔业资源衰退和濒危物种数目增加的趋势得到基本遏制，捕捞能力和捕捞产量与渔业资源可承受能力大体相适应，海水养殖用海功能区面积达到55万公顷。

合理控制围填海规模。严格实施围填海年度计划制度，遏制围填海增长过快的趋势。围填海控制面积符合国民经济宏观调控总体要求和海洋生态环境承载能力，区划期内建设用围填海规模控制在34500公顷以内。

保留海域后备空间资源。划定专门的保留区，并实施严格的阶段性开发限制，为未来发展预留一定数量的近岸海域。近岸海域保留区面积比例不低于10%。严格控制占用岸线开发利用活动，至2020年，大陆自然岸线保有率不低于40%。

开展海域海岸带整治修复。重点对由于开发利用造成的自然景观受损严重、生态功能退化、防灾能力减弱，以及利用效率低下的海域海岸带进行整治修复。至2020年，完成整治和修复海岸线长度不少于240千米。

区划实施期限：2011—2020年。

第四条 区划原则

自然属性为基础。根据海域的区位、自然资源和自然环境等自然属性，综合评价海域开发利用的适宜性和海洋资源环境承载能力，科学确定海域的基本功能。

科学发展为导向。根据经济社会发展的需要，统筹安排各行业用海，合理控制各类建设用海规模，保证生产、生活和生态用海，引导海洋产业优化布局。

保护渔业为重点。渔业可持续发展的前提是传统渔业水域不被挤占、侵占，保护渔业资源和生态环境是渔业生产的基础，渔民增收的保障，更是保证渔区稳定的基础。其他类型功能区未开发利用时明确保留农渔业功能。

保护环境为前提。切实加强海洋环境保护和生态建设，统筹考虑海洋环境保护与陆源污染防治，控制污染物排海，改善近岸海域生态环境，防范海洋环境突发事件，维护河口、海湾、海岛、滨海湿地等海洋生态系统安全。

陆海统筹为准则。根据陆地空间与海洋空间的关联性，以及海洋生态系统的特殊性，统筹协调陆地与海洋的开发利用和环境保护。严格保护海岸线，切实保障河口行洪安全。

国家安全为关键。保障国防安全和军事用海需要，保障海上交通安全和海底管线安全，加强领海基点及周边海域保护，维护国家海洋权益。

集中集约为理念。促进用海方式根本转变,扭转“分散、粗放、低效”的传统用海格局,坚持统筹规划、集中集约用海,引导海洋产业相对集聚发展,严格控制围填海。

第五条　区划范围

本次区划海域总面积约 47300 平方千米。

区划范围北起鲁冀海域行政区域界线,南至鲁苏海域行政区域界线,向陆至山东省人民政府批准的海岸线,向海在南黄海至领海外部界线、在渤海和北黄海至约 12 海里海域。

第六条　区划成果

1. 山东省海洋功能区划(2011—2020 年)文本
2. 山东省海洋功能区划(2011—2020 年)登记表
3. 山东省海洋功能区划(2011—2020 年)图件

第二部分:海洋开发保护现状与面临形势

第七条　地理概况和区位条件

山东省位于我国东部偏北沿海,与辽东半岛、朝鲜半岛、日本列岛隔海相望。本省海域北起鲁冀交界处的漳卫新河河口,与河北省相邻;南至鲁苏交界处的绣针河河口,与江苏省为界;海域环绕我国最大的半岛——山东半岛,以蓬莱角为界,向西属于渤海海域,向东属于黄海海域。

本区具有得天独厚的区域发展优势,北邻渤海湾经济圈和东北老工业基地,西连黄河流域,南接长江三角洲地区,是环渤海地区与长江三角洲地区的重要结合部、黄河流域地区最便捷的出海通道、东北亚经济圈的重要组成部分,辐射、带动作用明显。区域在促进黄海和渤海科学开发、深化沿海地区改革开放、提升我国海洋经济综合竞争力等方面具有重要的战略地位。

第八条　自然环境与资源条件

山东省海域跨渤海和黄海,海岸线总长 3 345 千米,其中属渤海区的大陆海岸线长约 923 千米,属于黄海的大陆海岸线长度约为 2 422 千米。全省海岸由人工海岸、基岩海岸、沙质海岸和粉砂淤泥质海岸构成,比例为 38∶27∶23∶12。海岸带在地质构造上跨越新华夏系第二隆起带和第二沉降带,地质构造轮廓明显地受到东西向构造、新华夏系和其派生的帚状构造控制。山东沿海属暖温带季风气候区,受海洋影响,具有明显的海洋性和大陆性过渡气候特征。西北部海岸带主要灾害是东北大风引起的风暴潮,东南部海岸带则常受海雾及台风影响,是受台风影响突出的岸段。沿海入海河流众多,均为季风区雨源型河流,分属黄河、淮河、海河流域及山东半岛独流入海水系。近海水文状况受陆地与河流影响显著,近岸表层水温全年平均值春季 15.05 ℃秋季 16.28 ℃,且有着自北向南略增的趋势,表现了北温带边缘浅海的特点。近海分布具有明显低盐特征的沿岸水系,近岸海域盐度平均值一般在 30～33 之间。潮汐主要受渤、黄海潮波所控制,除黄河口附近为正规及不正规全日潮且潮差较小外,其他海域为正规或不正规半日潮,潮差和潮流均较大,近海的潮流多为旋转流,只是在近岸、海峡及河口处有往复流存在。波浪全年以风浪为主,受季风影响,冬季盛行偏北浪,夏季盛行偏南浪,主浪向在半岛北岸多偏北向,南岸多偏南向。2010 年监测结果表明,山东省海域水质大部分达到一类、二类海水水质标准,但在莱州湾西南部等近岸海域出现了一定范围的轻度污染,海水中的主要污染物是无机氮、活性磷酸盐和石油类。海域的海洋沉积物、海洋生物质量基本保持良好状态。

山东省海岸三分之一以上为基岩港湾式海岸，岬湾相间，水深坡陡，港口资源的地域分布较为均匀，具有建设区域港口群的优越条件。沿海地区地貌类型多样，人文和自然景观较多，在海滩浴场、奇异景观、山岳景观、岛屿景观和人文景观方面，优势突出。浅海、滩涂资源丰富，主要海洋渔业资源有鱼类、虾蟹类、头足类、贝类、棘皮动物类等。山东省能源矿产资源丰富，沿海油气、滨海煤炭、海底金矿、地下卤水等资源储量较大。海上风能、地热资源开发潜力大，潮汐能、波浪能等海洋新能源储量丰富。

第九条　开发利用现状

近20年来，海洋经济迅猛发展，2010年全省海洋经济总产值达7 000亿元，占全省GDP的18%，海洋经济已经成为山东省社会经济发展的重要组成部分。由海洋渔业、海洋交通运输、滨海旅游、海洋油气、海洋船舶、海洋化工、海洋盐业、海洋电力、海洋工程、海洋矿业、海水利用和海洋生物制药等构成的海洋产业体系，对拉动全省社会经济的发展起着重要的作用。

截至2010年底，全省已确权各类海域面积343 184.18公顷，其中渔业用海308 108.70公顷，工业用海6 265.75公顷，交通运输用海7 365.26公顷，旅游娱乐用海1 582.34公顷，海底工程用海863.08公顷，排污倾倒用海636.09公顷，造地工程用海4 383.37公顷，特殊用海3 730.22公顷，其他用海129.91公顷。

第十条　面临的形势

今后一个时期，是我国海洋经济的黄金发展期，山东半岛蓝色经济区建设面临着前所未有的重大机遇。党中央、国务院对海洋经济发展高度重视，十七届五中全会通过的《中共中央关于制定国民经济和社会发展第十二个五年规划的建议》明确提出了发展海洋经济的总体部署，为深入实施海洋战略、依托海洋经济促进区域经济发展指明了方向。国务院相继批复了《黄河三角洲高效生态经济区发展规划》和《山东半岛蓝色经济区发展规划》两个国家发展战略，使山东省在全国区域经济发展中的地位和作用显著提升。我国正处于加快转变经济发展方式和调整经济结构的关键时期，海洋经济发展的体制机制环境不断优化。自主创新能力不断提高，科技对海洋经济发展的支撑作用不断增强。国际海洋开发合作不断深化，欧美日韩等国家和地区开发利用海洋的成功经验，为山东半岛蓝色经济区建设提供了有益的借鉴。

海洋开发与保护仍面临诸多挑战。海洋资源开发利用方式相对粗放，亟待推进海洋经济发展方式重大转变。海洋产业结构和布局不够合理，海洋渔业、盐业、海运业发展基础较好，现代海洋服务业、战略性新兴海洋产业发展相对滞后，海洋经济综合效益亟待提高。交通运输体系配套建设还不能满足港口集疏运需求，港口、临港工业、城镇建设等空间布局还有待优化。建设用海项目分散、粗放，低水平重复建设的问题比较突出。海洋科技研发及成果转化能力不足，海洋经济核心竞争力亟待增强。海洋资源环境面临的压力加大，亟待加强海洋生态环境保护。陆源污染是沿海环境污染的主要因素，局部海域污染加重，海水水质下降，海洋生物生存环境遭到破坏。抗御自然灾害能力有待进一步提高，风暴潮、赤潮、绿潮、冰冻等是对山东省沿海经济社会发展和人民生命财产构成威胁的主要海洋灾害。

第三部分：海洋开发与保护战略布局

第十一条　海洋开发与保护总体布局

坚持在发展中保护、在保护中发展，明确岸线、滩涂、海湾、岛屿等空间资源的功能定位和发展重点，加强海洋环境保护和生态建设，提升资源开发利用水平，推进海洋产业结构优化升级。优先保证传统渔业用海，保障公共利益和国家重大建设项目用海需求。调整渔业养殖结构，科学保护和合理利用近海渔业资源，近岸养殖逐步向深水区发展，重点在莱州湾东部、庙岛群岛、崆峒列岛、荣成、崂山、即墨近海、海州湾北部等海域建设全国重要的海洋牧场示范区。以青岛港为核心，烟台港、日照港为骨干，威海港、潍坊港、东营港、滨州港、莱州港为支撑，发展海上航运和临港产业。大力推行集中集约用海，重点打造海州湾北部、董家口、丁字湾、前岛、龙口湾、莱州湾东南岸、潍坊滨海、东营城东海域、滨州海域九个集中集约用海片区。开发特色旅游产品，提高旅游产品质量和国际化水平，完善旅游休闲配套设施，把青岛、烟台、威海等打造成为国内外知名滨海休闲度假目的地。加强海洋自然保护区、海洋特别保护区、水产种质资源保护区建设，开展海洋特别保护区规范建设和管理试点，加大渔业产卵场、越冬场、索饵场、洄游通道和重要水产增养殖区的保护力度，构建完善的海洋与渔业保护体系；大力实施柽柳林、海草床、滨海湿地等典型生态系统的保护与修复工程，在国际、国家重要湿地以及具有重要生态功能和保护价值的近海与海岸湿地范围内，禁止围填海，加强海洋生物多样性、重要海洋生态环境和海洋景观的保护。完善防洪、防潮减灾体系，高标准建设重点临海一线防潮堤和入海河道防潮堤，改造加固低标准的防潮堤坝，完善堤岸防护林带，构筑安全屏障。加快推进海湾生态整治，维护沿海生态环境健康。

为加快实施山东半岛蓝色经济区和黄河三角洲高效生态经济区两大国家发展战略，在综合分析山东省海洋开发保护现状与面临形势的基础上，将山东省海域划分为五个海域单元，即黄河口与山东半岛西北部海域、庙岛群岛附近海域、山东半岛东北部海域、山东半岛南部海域、日照市毗邻海域。

第十二条　黄河口与山东半岛西北部海域

本区域从鲁冀海域分界至蓬莱角毗邻海域。沿海地带地势平坦，粉砂淤泥质潮滩宽阔，海底浅平；石油、天然气等矿产资源丰富；滩涂生物资源以贝类为主，浅海生物资源以虾、蟹为主。

本海域主要功能为海洋保护、农渔区、旅游休闲娱乐、工业与城镇用海。黄河口海域主要发展海洋保护和海洋渔业，加强以海洋生物自然保护区、国家地质公园、海洋特别保护区、黄河入海口、水产种质资源保护区、重要湿地资源等为核心的海洋生态建设与保护，维护滨海湿地生态服务功能，维护生物多样性，促进渤海生态环境改善，控制沿岸工业区建设，严格限制发展重化工业，禁止高耗能、高污染的工业建设。集中集约开发东营、滨州、潍坊北部、莱州、龙口特色临港产业区，发展滨海旅游业，合理开发渔业、海水利用、海洋生物、风能等生态型海洋产业。海域开发使用应与黄河口地区防潮和防洪相协调。开展黄河三角洲河口滨海湿地、莱州湾海域综合整治与修复。实施污染物总量控制，改善海洋环境质量。

第十三条　庙岛群岛附近海域

本区域位于庙岛群岛海域，庙岛群岛 32 个基岩岛屿分布于整个渤海海峡，区位优势突出。本区域是我国刺参、盘鲍、栉孔扇贝、紫海胆、魁蚶等海珍品的主要产地。本区自然风光奇秀，气候宜人，旅游资源丰富，是闻名遐迩的旅游胜地。庙岛群岛有鸟类 247 种，还拥有世界上12个国家的国鸟7种，属国家级鸟类自然保护区。

本海域主要功能为旅游休闲娱乐、农渔业。重点发展生态高效品牌渔业、海洋新能源产业及旅游业，保障长岛国际休闲度假岛、渤海海峡的跨海通道、连岛工程等重大工程的建设用海。加强庙岛群岛原生态的海洋自然环境及鸟类栖息地的保护，维护长山水道航运功能。积极开发潮汐能等海洋清洁能源，统筹安排、协调海洋保护、渔业、旅游交通及海洋新能源开发用海。

第十四条　山东半岛东北部海域

本区域从蓬莱角至威海成山头毗邻海域。近海分布有套子湾、芝罘湾、四十里湾、威海湾等较大的海湾是发展海上运输、滨海旅游和海水养殖的良好水域。近海水质肥沃，水质较清洁，自然分布的经济生物100余种，是我国开发历史较早的渔业养殖区。

本区域主要功能为农渔业、港口航运、旅游休闲娱乐和海洋保护。蓬莱角至平畅河海域重点发展滨海旅游、海洋渔业；套子湾西北部、芝罘湾海域重点发展港口航运；烟台市区至成山头近岸海域主要发展滨海旅游与现代服务业。区域应协调海洋开发秩序，维护长山水道、成山头航道、烟台近岸航路等港口航运功能。严格禁止近岸海砂开采和砂质海岸地区围填海活动。规划建设烟台东部海洋文化旅游产业聚集区等集中集约用海片区。重点保护崆峒列岛、成山头、牟平砂质海岸、刘公岛等海洋生态系统。开展芝罘湾、威海湾、养马岛、金山港等海域综合整治，保持海洋生态环境的良性循环和可持续发展。

第十五条　山东半岛南部海域

本区域从威海成山头至白马河口海域。海域内礁石岸线居多，具有海珍品养殖及建设临港工业的良好条件。拥有连绵几十千米的优质沙滩海岸及清澈蔚蓝的海水，具有优良的港口资源、旅游资源及渔业资源。

本区域主要功能为海洋保护、旅游休闲娱乐、港口航运和工业与城镇用海。成山头至五垒岛湾海域主要发展海洋渔业，荣成近岸海域兼顾区域性港口建设和滨海旅游开发，适度发展临海工业；五垒岛湾至青岛海域主要发展滨海旅游业，建设生态宜居型海滨城镇，禁止破坏旅游区内自然岩礁岸线、沙滩等海岸自然景观，加强潟湖、海湾等生态系统保护，加强荣成成山头、大天鹅、胶州湾、千里岩岛等海洋保护区建设；青岛西南部海域合理发展港口航运，环胶州湾打造以海洋高技术产业和现代服务业为特点的海湾经济区，建设青岛西海岸海洋经济新区。规划建设威海南海海洋经济新区（前岛高端制造业聚集区）、董家口港口物流产业聚集区、丁字湾海洋文化旅游产业聚集区等集中集约用海片区。开展石岛湾、五垒岛湾、胶州湾、丁字湾等海湾综合整治。

第十六条　日照毗邻海域

本区域为日照毗邻海域。海域内具有优良的砂质岸线、我国北方最大的潟湖及桃花岛、太公岛等近岸岛礁。已建有全国十大枢纽海港之一的日照港，省级旅游度假区和国家级滨海森林公园各一处，是港口、旅游发展的重点区。

本区域主要功能为旅游休闲娱乐、农渔业、海洋保护、港口航运。北部从白马河至万平口，主要发展滨海旅游休闲娱乐业，建设国家海洋公园，保护两城河口生态湿地；从万平口至绣针河口，发展港口航运、精品钢铁等临港产业建设。要加强对港口区、旅游区、渔业水域、海岛及周围海域的统筹管理，保证港口、旅游、渔业用海，满足海州湾北部临港产业聚集区用海需求。保护海洋环境和鸟类、重要生物种质资源，加强对日照两城至万平口近岸岛群、潟湖、优质沙滩资源的保护，建立近岸海域岛群自然保护区。严禁采砂等破坏地质地貌的活动，发展运动休闲等特色旅游，增殖和恢复渔业资源。

第四部分：海洋功能分区及管理要求

第十七条　海洋功能分区概述

依据省级海洋功能区划编制技术要求，结合我省海洋自然环境和自然资源特征、海域开发利用现状、环境保护及海洋经济战略发展需求，划分了农渔业区、港口航运区、工业与城镇用海区、矿产与能源区、旅游休闲娱乐区、海洋保护区、特殊利用区、保留区共 8 个类别 329 个海洋基本功能区。其中，海岸基本功能区 291 个，主要包括农渔业区 34 个、港口航运区 38 个、工业与城镇用海区 39 个、矿产与能源区 9 个、旅游休闲娱乐区 55 个、海洋保护区 49 个、特殊利用区 47 个、保留区 20 个；近海基本功能区 38 个，主要包括农渔业区 4 个、港口航运区 9 个、矿产与能源区 1 个、旅游休闲娱乐区 1 个、海洋保护区 10 个、特殊利用区 9 个、保留区 4 个。

第十八条　农渔业区

农渔业区指适于拓展农业发展空间和开发利用海洋生物资源，可供围垦，渔港和育苗场等渔业基础设施建设，海水增养殖和捕捞生产，以及重要渔业品种养护的海域。包括农业围垦区、渔业基础设施区、养殖区、增殖区、捕捞区和水产种质资源保护区。

农渔业功能区共 38 个，总面积 28 414.37 平方千米，岸线总长度 746.36 千米。其中属于海岸基本功能区的有 34 个，包括：滨州北、滨州-东营北、河口-利津、莱州湾、莱州太平湾、莱州三山岛、莱州三山岛北、莱州-招远、龙口北、长岛西、长岛东、长岛北、蓬莱东部、烟台套子湾、烟台-牟平、牟平-威海、威海北、刘公岛-鸡鸣岛、朝阳港、荣成湾、桑沟湾-莫铘岛、石岛-人和、靖海湾、五垒岛湾、文登-乳山-海阳、塔岛北、乳山湾、海阳-即墨、崂山湾-沙子口、胶州湾、黄岛-胶南、日照两城镇外侧、日照涛雒、日照岚山头等农渔业区；属于近海基本功能区的有 4 个，包括：烟台-威海北、威海-青岛东、青岛潮连岛、黄岛-日照东等农渔业区。

区内主要用于渔业基础设施、开发利用和养护渔业资源的用海活动，限制近海捕捞，近岸围海养殖控制在现有规模，发展现代渔业，保障海洋食品清洁、健康生产。海岸基本功能区主要用于近岸渔港、渔业基础设施基地建设，近海基本功能区主要用于开放式养殖、捕捞、渔业资源养护、海洋牧场建设。禁止在规定的养殖区、增殖区和捕捞区内进行有碍渔业生产、损害水生生物资源和污染水域环境的活动。其他用海活动要处理好与养殖、增殖、捕捞之间的关系，避免相互影响。逐步调整区内不符合功能区管理要求的海域使用项目，整治环境质量不达标海域，修复区内受损的海岛、海岸、河口海湾等生态系统，保护水产种质资源、重要经济渔业品种及其产卵场、越冬场、索饵场和洄游通道等重要渔业水域。

第十九条　港口航运区

港口航运区是指适于开发利用港口航运资源，可供港口、航道和锚地建设的海域，包括港口区、航道区和锚地区。

港口航运功能区共 47 个，总面积 5 791.86 平方千米，占用岸线总长度 509.85 千米。其中属于海岸基本功能区的有 38 个，包括：滨州、东营、广利、羊口、潍坊、下营、莱州太平湾、莱州、龙口、蓬莱-长岛、烟台西、烟台、威海、威海东北、威海南、龙眼湾北、龙眼、荣成湾、俚岛湾东、俚岛、荣成、荣成东、石岛、石岛王家湾、荣成朱口、荣成朱口南、靖海湾、乳山口、乳山东南、乳山西南、海阳、鳌山湾、南姜、胶州湾、积米崖、董家口、石臼、岚山等港口航运区;属于近海基本功能区的有 9 个,包括:蓬莱-烟台、烟台西港区北、烟台西港区东北、前岛、胶州湾、董家口南、石臼、岚山、岚山港东等近海港口航运区。

区内主要用于港口建设、海上航运及其他直接为海上交通运输服务的活动,禁止在港区、锚地、航道、通航密集区以及规定的航路内进行与航运无关、有碍航行安全的活动,避免其他工程占用深水岸线资源,锚地、航道应优先在港口航运区内选划。海岸基本功能区主要用于近岸港口陆域、码头、港池及为航运服务的配套海事等设施建设,近海基本功能区主要用于港外航道、锚地等航运用海。在未开发利用的港区内,无碍港口功能发挥的海洋开发活动应予以保留,但上述开发利用活动在港口开展建设时,应逐步予以调整和撤出。新建和邻近海洋生态敏感区的港口应根据周边海洋功能区的环境质量要求提高水域环境质量标准。逐步调整区内不符合功能区管理要求的海域使用项目,整治环境质量不达标海域。

第二十条　工业与城镇用海区

工业与城镇用海区是指适于发展临海工业与滨海城镇的海域,包括工业用海区和城镇用海区。

工业与城镇用海区共 39 个,总面积 788.48 平方千米,占用岸线总长度 335.62 千米。全部属于海岸基本功能区,包括:无棣、套儿河西岸、套儿河东岸、东营港北部、东营港南部、东营滨海、羊口、寿光北、潍北、下营、龙口湾、皂埠湾、黄石圈、马山头、临洛湾、荣成俚岛湾、荣成宁津、荣成黑泥湾、石岛湾北部、石岛湾西部、文登张家埠口、前岛、文登龙门港、人和、洋村口湾、乳山海阳所、乳山口东、乳山口西、海阳临港、青岛白沙河、红岛西、黄岛临海、前湾临海、海西湾西、海西湾东临海、灵山、横河东、横河西、奎山嘴等工业与城镇用海区。

区内的临海、临港工业和城镇开发建设应体现集中集约用海的要求,保障国家和地方重大建设项目的用海需求,优化产业结构,提高海域空间资源的使用效能。填海造地等改变海域自然属性的开发活动应在科学论证的前提下进行,优化平面设计,倡导人工岛、多突堤、区块组团等对海洋环境影响较小的建设用海方式,河口区域围海造地应当符合防洪规划。加强功能区环境监测与评价,注重对毗邻功能区的保护,防止海岸工程、海洋工程污染海域环境。根据周边海洋功能区的环境质量要求,可适当提高工业与城镇用海区水域环境质量标准。工业与城镇建设区需配套建设污水收集管网及污水集中处理设施,降低区域活动对区域环境质量的影响。在基本功能未利用时海水水质、海洋沉积物质量和海洋生物质量维持现状。

第二十一条　矿产与能源区

矿产与能源区是指适于开发利用矿产资源与海上能源,可供油气和固体矿产等勘探、开采作业,以及盐田和再生能源等开发利用的海域,包括油气区、固体矿产区、盐田区和可再生能源区。

矿产与能源区共 10 个,总面积 551.74 平方千米,占用岸线总长度 64.80 千米。其中属于海岸基本功能区的有 9 个,包括:埕北、寿光北、潍北、寒亭北、昌邑潍河西、下营、莱州、五垒岛湾东部、五垒岛湾中部等矿产与能源区;属于近海基本功能区的有 1 个,包括:海阳矿产与能源区。

在执行国家相关法规和不影响其他功能区运行质量的前提下，油气资源富集区，以油气开发为主导，优先保障海洋矿产与能源勘探与开发建设用海，严格控制近岸矿产与能源开发的数量、范围和强度，禁止岸滩和河口采矿活动，加强矿产与能源开发利用活动监视监测，防止海岸侵蚀、溢油等灾害和影响的发生。对现有矿产与能源开发利用区的废转，必须按有关程序上报审批。

第二十二条　旅游休闲娱乐区

旅游休闲娱乐区是指适于开发利用滨海和海上旅游资源，可供旅游景区开发和海上文体娱乐活动场所建设的海域。包括风景旅游区和文体休闲娱乐区。

旅游休闲娱乐区共 56 个，总面积 1 502.82 平方千米，占用岸线总长度 934.92 千米。其中属于海岸基本功能区的有 55 个，包括：滨州、潍坊滨海、莱州、莱州三山岛、莱州石虎咀、招远、龙口南山东海、龙口滨海、长岛、蓬莱西海岸、蓬莱东海岸、蓬莱铜井、烟台金沙滩、烟台大沽夹河东、莱山滨海、莱山东滨海、养马岛、双岛湾、双岛湾外、威海市区北部、威海褚岛、威海湾北部、威海湾、威海沙龙王家村北、逍遥港-仙人桥北、柳夼-西霞口北、桑沟湾滨海、石岛南海村滨海、石岛湾滨海、石岛大小王家岛、荣成朱口东圈、荣成朱口西圈、前岛、南海-银滩、大乳山、丁字湾、东村河口、三平岛、横门湾西部、田横岛、鳌山湾西部、崂山东部、小管岛、太清宫口至流清河、青岛滨海、红岛、凤凰岛、丁家嘴、灵山湾、琅琊台、日照两城滨海、日照河山滨海、日照山海天、日照刘家湾、日照岚山头等旅游休闲娱乐区。属于近海基本功能区的有 1 个，即：大管岛旅游休闲娱乐区。

区内主要用于滨海旅游度假、观光、休闲娱乐、公众亲海等公益性服务，加强滨海旅游区自然景观、滨海城市景观和人文历史遗迹的保护和旅游服务基础设施建设，禁止破坏自然岸线、沙滩、海岸景观、沿海防护林等工程项目建设，整治损伤自然景观，修复受损自然、历史遗迹，养护海滨沙滩浴场。旅游休闲娱乐区中，根据游客现有及规划人数合理布局建设生活污水处理设施，确保生活污水全收集全处理。

第二十三条　海洋保护区

海洋保护区是指专供海洋资源、环境和生态保护的海域，包括海洋自然保护区、海洋特别保护区。

海洋保护区共 59 个，总面积 5 223.36 平方千米，占用岸线总长度 478.24 千米。其中属于海岸基本功能区的有 49 个，包括：滨州贝壳堤、东营河口、东营利津、黄河三角洲北部、黄河三角洲、东营莱州湾、东营广饶、寿光滨海、潍坊莱州湾、潍坊昌邑、莱州浅滩、烟台招远、烟台屺姆岛、烟台桑岛、龙口黄水河口、长岛北四岛、长岛砣矶岛、长岛斑海豹、长岛连城湾、长山岛南、登州浅滩、芝罘岛岛群、烟台山、烟台崆峒列岛、烟台逛荡河口、牟平沙质海岸、威海小石岛、威海黑岛、威海刘公岛、威海日岛、威海鸡鸣岛、荣成成山头、荣成大天鹅、花斑彩石、荣成苏山岛、荣成二山岛、青龙河口、乳山塔岛湾、乳山汇岛、海阳万米海滩、五龙河口、胶州湾滨海湿地、日照两城河河口、日照市西施舌、日照桃花岛、日照太公岛、日照梦幻沙滩、日照万平口潟湖湿地、日照岚山海上石碑等海洋保护区；属于近海基本功能区的有 10 个，包括：千里岩、长门岩岛群、青岛文昌鱼、青岛大公岛、青岛朝连岛、胶南灵山岛、日照大竹蛏、日照文昌鱼、日照金乌贼、日照前三岛等海洋保护区。

区内严格执行国家和地方自然保护区、海洋特别保护区、黄河河口容沙区等有关法律法规，加强用海活动监督与环境监测，维护、恢复、改善海洋生态环境和生物多样性，保护自然景观，提高保护水平。禁止损害保护对象、改变海域自然属性、影响海域生态环境的用海活动。加强海洋保护区功能区运行质量的监控、管理，整治区内的不合理用海工程，修复受损的海洋生态系统。保护区调整应依法报批。

第二十四条　特殊利用区

特殊利用区是指供特殊用途排他使用的海域。

特殊利用区共56个，总面积231.00平方千米，占用岸线总长度64.72千米。其中属于海岸基本功能区的有47个，包括：东营港、新弥河、白浪河、潍坊港、龙口湾、龙口北部、龙口东海、龙口黄水河口、平畅河口、烟台黄金河-柳林河、芝罘岛北、辛安河口、烟台山北头村、威海港西、威海港东、威海市区、荣成湾、荣成八河港水库、镆铘岛外、石岛湾、南大湾、前岛、乳山口外、丁字湾口、巉山、鳌山、鳌山湾外、王哥庄、姜格庄、麦岛、团岛、海泊河口、李村河口、胶州湾东北部、红岛、大沽河口、红石崖、鹿角湾、丁家嘴、王戈庄河、董家口嘴、日照两城河口、日照李家台、日照奎山嘴、日照港西防波堤、日照夹仓口、日照岚山等特殊利用区；属于近海基本功能区的有9个，包括：烟台港、烟台港外、威海褚岛北、威海东北、俚岛湾、荣成苏山岛西侧、海阳港、女岛港、崂山八仙墩外等特殊利用区。

为便于海域使用管理，排污倾倒要达标排放，同时要在特定的水动力条件强、水体交换快的海域进行，将对海洋自然环境的影响降到尽可能小的程度。要加强海洋特殊利用功能区的监控、管理，严查非法排放、严禁超标排放。

第二十五条　保留区

保留区是指为保留海域后备空间资源，专门划定的在区划期限内限制开发的海域。保留区主要包括由于经济社会因素暂时尚未开发利用或不宜明确基本功能的海域，限于科技手段等因素目前难以利用或不能利用的海域，以及从长远发展角度应当予以保留的海域。

保留区共24个，总面积4 821.77平方千米，占用岸线总长度213.70千米。其中属于海岸基本功能区的有20个，包括：滨州北海新区、套尔河口东、东营黄河口北、潍坊白浪河西岸、潍坊白浪河东岸北部、潍坊白浪河东岸南部、虞河-堤河、莱州刁龙咀北、龙口港、龙口港北部、长岛北、荣成宁津、镆铘岛、张濛港、横门湾、青岛前海、胶州湾北部、胡岛、胡家山、棋子湾等保留区；属于近海基本功能区的有4个，包括：荣成东、董家口、千里岩南、潮连岛南等保留区。

保留区应加强管理，严禁随意开发。确需改变海域自然属性进行开发利用的，应首先修改省级海洋功能区划，调整保留区的功能，并按程序报批。

第五部分：实施保障措施

第二十六条　海域使用管理

严格实行海洋功能区划制度，渔业、盐业、交通、旅游、矿产等行业规划涉及海域使用的，应当符合海洋功能区划；沿海土地利用总体规划、城市规划、港口规划涉及海域使用的，应当与海洋功能区划相衔接。

审批项目用海，必须以海洋功能区划为依据，完善以海洋功能区划为重要依据的用海项目预审制度。海域使用项目必须符合海洋功能区划，海域使用论证报告书应当从功能区海域使用方式、类型与空间要求、环境保护要求、维护功能区健康运行等方面明确项目选址是否符合海洋功能区划。

允许非基本功能类型用海项目与海洋功能区的兼容发展，对于与基本功能有冲突的应对其进行调整或重新选址。涉及公共利益、国防安全、交通航运安全、海洋能源（包括再生能源）、海洋新兴产业及生态安全的用海应在不影响海域基本功能与环境保护要求的条件下优先保障。

在用海审批和海域使用过程中，认真贯彻有关法律法规，严格执行海洋功能区划，不得从事与海洋功能区划不相符的开发活动。涉及有关部门管理职能的审批事项应严格履行报批程序，切实协调好与项目用海利益相关者关系，尤其是要做好涉及渔业用海的渔民转产转业和补偿工作，维护渔民利益和渔区和谐稳定。要严格按照产业政策，对建设用海项目进行科学筛选；合理安排集中进行围填海的各功能区的格局，围绕重点发展区域设置重点功能区，引导围填海向离岸、人工岛式发展；禁止在经济生物的自然产卵场、繁殖场、索饵场进行围填海。海域使用时要严格论证海湾、河口、重要湿地、保护区附近海域进行围填海的合理性。同时，要按照围填海规划计划，科学确定围填海规模、方式和时序。

要加强对海洋功能区的维护和海域使用的动态监视监测，定期评价海洋功能区的变化和对相邻海洋功能区的影响。

第二十七条　海洋环境保护

根据《海洋环境保护法》，切实加强海洋环境保护。省人民政府根据海洋功能区划制定全省海洋环境保护规划，海洋环境保护和管理的目标、标准和主要措施应当依据各类海洋功能区的环境保护要求确定，沿海湿地、海岛、海湾、入海河口、重要渔业水域等具有典型性、代表性的海洋生态系统，珍稀、濒危海洋生物的天然集中分布区，具有重要经济价值的海洋生物生存区域及重大科学文化价值的海洋自然历史遗迹和自然景观等，要切实加强保护。海洋环境监测评价和监督管理工作应当按照各类海洋功能区的环境保护要求执行。加强对陆源污染物排海、废弃物海上倾倒、海上溢油等污染物的监测与评价，加强建设海洋环境监测体系，提高监督和监测水平，满足全省海洋发展和生态建设的需要。推进海洋灾害预警预报体系建设，有效提供海洋防灾减灾服务。

要科学论证具体用海项目，强调对水体环境和生态资源的保护，最大限度降低对海洋生态环境的不利影响。涉及海域建设或开发利用、海洋自然资源开发利用的规划和工程建设项目，应按照环境保护相关法律法规要求，开展环境影响评价工作。在编制区域建设用海规划时，要对其围填海规模做深入分析论证，以提高区划的科学性；应按照规划环境影响评价的相关要求，评估功能区建设时对渔业资源和生态环境造成的损失，并提出必要的生态补偿措施。涉及国家级水产种质资源保护区和水生生物自然保护区的，应进行专题论证，并采取相应的保护和补偿措施。严格遵守海洋主管部门确定的各项用海管理制度，提高安全用海意识，预防海洋灾害和突发事故的发生，避免和减少对其他功能区海域的不利影响。

第二十八条　海岛保护与利用

区划范围内的海岛特别是无居民海岛保护与利用，应根据《中华人民共和国海岛保护法》及相关技术要求，通过编制山东省海岛保护规划予以明确，海岛功能定位应与本海洋功能区划中的功能区相衔接，并符合海洋功能区管理要求。农渔业区和旅游娱乐区中的海岛可用于渔业基础设施建设、旅游等，加强海岛生态系统保护与修复；港口航运区和工业与城镇用海区中的海岛可安排相关工业与城镇基础设施建设，严格限制填海连岛；各类海洋保护区中的海岛严格限制各类开发利用活动。

第二十九条　区划编制

根据省级海洋功能区划，开展新一轮市县级海洋功能区划编制工作，市县级海洋功能区划的功能分区和管理要求必须与省级海洋功能区划保持一致。将全国海洋功能区划和省级区划确定的目标、任务落实到具体海域。明确近期内各功能区开发保护的重点和发展时序，明确各海洋功能区的海域使用管理要求和海洋环境保护要求，提出区划的实施步骤、措施和政策建议。

第三十条　监督检查

省级海洋行政主管部门负责监督海洋功能区划的执行情况，要建立行之有效的海域使用管理和海洋环境保护执法监督检查机制，完善海洋功能区划监督检查业务化技术支撑体系，保证海洋功能区划的顺利实施。强化海上执法管理工作，加大对海洋功能区划执行情况的监督检查力度，加大对海洋环境质量监管力度，加大对海域使用、海洋环境保护等违法案件的处罚力度，加快整顿和规范海域使用管理秩序，对于不按海洋功能区划批准和使用海域的，批准文件无效。对海洋生态环境造成破坏的要限期采取补救措施，进行整治和恢复。完善信访、举报和听证制度，加强海洋功能区划实施过程中的社会监督力度。

第三十一条　宣传教育

宣传贯彻海洋功能区划及相关法律法规，深入进行海洋发展战略及有关方针、政策的宣传教育，增强全民海洋国土意识和海洋可持续发展观念，为实施海洋功能区划营造和谐的社会氛围，提高各类用海者合理开发利用海洋的自觉性。各级海洋行政主管部门要开展海洋功能区划编制和实施管理的技术培训，提高各级海洋管理队伍的管理水平。

第三十二条　技术支持

以海域使用动态监视监测系统为平台，建立海域使用和海洋环境监测体系，提高海域使用的实时监测能力，建立功能区质量运行保障体系，保障功能区的健康运行，建立全省管辖海域的各级海洋功能区划管理信息系统，推进功能区划服务和管理的现代化，同时，加强海洋调查、监测、管理、服务等应用技术的研究与开发；加强渔业资源和渔业水域的调查与监测以及水生资源养护和水域生态环境修复技术研究；加强现代渔业技术研发和市场培育，提升渔业现代化水平，保障渔业生产稳定；加强涉海工程项目特别是重大项目的海域使用论证和海洋环境影响评价。不断完善海洋功能区划和海洋管理的技术支撑体系。

第三十三条　海洋功能区生态环境整治、修复

依据海洋功能区划，开展功能区资源环境定期调查、监测和评价，掌握功能区运行状况。按照确保海洋功能区安全、健康、稳定运行的目标要求，制订重点海域使用调整计划，逐步开展功能受损区域的海岸及海域综合整治工程，加强自然岸线保护，调整不符合海洋功能区划的海域使用项目，加快沿海防护林建设，整治受损海岸、海湾、海岛、河口生态系统，加强海洋自然灾害观测、预报与防治体系建设，切实提高海洋功能服务能力。

第六部分：附则

第三十四条　区划效力

山东省海洋功能区划是山东省人民政府管理海域的重要依据，要将海洋功能区划纳入全省经济和社会发展战略。本区划一经批准，即具有法律效力，必须认真执行。

附录L　渔业水质标准

1　主题内容与适用范围

本标准适用于鱼虾类的产卵场、索饵场、越冬场、洄游通道和水产增养殖区等海、淡水的渔业水域。

2　引用标准

GB 5750 生活饮用水标准检验法

GB 6920 水质　pH 值的测定　玻璃电极法

GB 7467 水质　六价铬的测定　二碳酰二肼分光光度法

GB 7468 水质　总汞测定　冷原子吸收分光光度法

GB 7469 水质　总汞测定　高锰酸钾-过硫酸钾消除法　双硫腙分光光度法

GB 7470 水质　铅的测定　双硫腙分光光度法

GB 7471 水质　镉的测定　双硫腙分光光度法

GB 7472 水质　锌的测定　双硫腙分光光度法

GB 7474 水质　铜的测定　二乙基二硫代氨基甲酸钠分光光度法

GB 7475 水质　铜、锌、铅、镉的测定　原子吸收分光光度法

GB 7479 水质　铵的测定　纳氏试剂比色法

GB 7481 水质　氨的测定　水杨酸分光光度法

GB 7482 水质　氟化物的测定　茜素磺酸锆目视比色法

GB 7484 水质　氟化物的测定　离子选择电极法

GB 7485 水质　总砷的测定　二乙基二硫代氨基甲酸银分光光度法

GB 7486 水质　氰化物的测定　第一部分：总氰化物的测定

GB 7488 水质　五日生化需氧量(BOD5)　稀释与接种法

GB 7489 水质　溶解氧的测定　碘量法

GB 7490 水质　挥发酚的测定　蒸馏后 4-氨基安替比林分光光度法

GB 7492 水质　六六六、滴滴涕的测定　气相色谱法

GB 8972 水质　五氯酚钠的测定　气相色谱法

GB 9803 水质　五氯酚的测定　藏红 T 分光光度法

GB 11891 水质　凯氏氮的测定

GB 11901 水质　悬浮物的测定　重量法

GB 11910 水质　镍的测定　丁二铜肟分光光度法

GB 11911 水质　铁、锰的测定　火焰原子吸收分光光度法

表 L1　渔业水质标准

项目序号	项目	标准值
1	色、臭、味	不得使鱼、虾、贝、藻类带有异色、异臭、异味
2	漂浮物质	水面不得出现明显油膜或浮沫

续表

项目序号	项目	标准值
3	悬浮物质	人为增加的量不得超过 10，而且悬浮物质沉积于底部后，不得对鱼、虾、贝类产生有害的影响
4	pH 值	淡水 6.5～8.5，海水 7.0～8.5
5	溶解氧	连续 24 h 中，16 h 以上必须大于 5，其余任何时候不得低于 3，对于鲑科鱼类栖息水域冰封期其余任何时候不得低于 4
6	生化需氧量(5 天、20 ℃)	不超过 5，冰封期不超过 3
7	总大肠菌群	不超过 5 000 个/L(贝类养殖水质不超过 500 个/L)
8	汞	≤0.000 5
9	镉	≤0.005
10	铅	≤0.05
11	铬	≤0.1
12	铜	≤0.01
13	锌	≤0.1
14	镍	≤0.05
15	砷	≤0.05
16	氰化物	≤0.005
17	硫化物	≤0.2
18	氟化物(以 F^- 计)	≤1
19	非离子氨	≤0.02
20	凯氏氮	≤0.05
21	挥发性酚	≤0.005
22	黄磷	≤0.001
23	石油类	≤0.05
24	丙烯腈	≤0.5
25	丙烯醛	≤0.02
26	六六六(丙体)	≤0.002
27	滴滴涕	≤0.001
28	马拉硫磷	≤0.005
29	五氯酚钠	≤0.01
30	乐果	≤0.1
31	甲胺磷	≤1
32	甲基对硫磷	≤0.000 5
33	呋喃丹	≤0.01
31	甲胺磷	≤1

续表

项目序号	项目	标准值
32	甲基对硫磷	≤0.000 5
33	呋喃丹	≤0.01

3 渔业水质要求

3.1 渔业水域的水质，应符合渔业水质标准(见表 L1)。

3.2 各项标准数值系指单项测定最高允许值。

3.3 标准值单项超标，即表明不能保证鱼、虾、贝正常生长繁殖，并产生危害，危害程度应参考背景值、渔业环境的调查数据及有关渔业水质基准资料进行综合评价。

4 渔业水质保护

4.1 任何企、事业单位和个体经营者排放的工业废水、生活污水和有害废弃物，必须采取有效措施，保证最近渔业水域的水质符合本标准。

4.2 未经处理的工业废水、生活污水和有害废弃物严禁直接排入鱼、虾类的产卵场、索饵场、越冬场和鱼、虾、贝、藻类的养殖场及珍贵水生动物保护区。

4.3 严禁向渔业水域排放含病原体的污水；如需排放此类污水，必须经过处理和严格消毒。

5 标准实施

5.1 本标准由各级渔政监督管理部门负责监督与实施，监督实施情况，定期报告同级人民政府环境保护部门。

5.2 在执行国家有关污染物排放标准中，如不能满足地方渔业水质要求时，省、自治区、直辖市人民政府可制定严于国家有关污染排放标准的地方污染物排放标准，以保证渔业水质的要求，并报国务院环境保护部门和渔业行政主管部门备案。

5.3 本标准以外的项目，若对渔业构成明显危害时，省级渔政监督管理部门应组织有关单位制订地方补充渔业水质标准，报省级人民政府批准，并报国务院环境保护部门和渔业行政主管部门备案。

5.4 排污口所在水域形成的混合区不得影响鱼类洄游通道。

6 水质监测

6.1 本标准各项目的监测要求，按规定分析方法(见表 L2)进行监测。

6.2 渔业水域的水质监测工作，由各级渔政监督管理部门组织渔业环境监测站负责执行。

表 L2 渔业水质分析方法

序号	项目	测定方法	试验方法标准编号
1	悬浮物质	重量法	GB 11901
2	pH 值	玻璃电极法	GB 6920
3	溶解氧	碘量法	GB 7489

续表

序号	项目	测定方法	试验方法标准编号
4	生化需氧量	稀释与接种法	GB 7488
5	总大肠菌群	多管发酵法滤膜法	GB 5750
6	汞	冷原子吸收分光光度法	GB 7468
		高锰酸钾-过硫酸钾消解　双硫腙分光光度法	GB 7469
7	镉	原子吸收分光光度法	GB 7475
		双硫腙分光光度法	GB 7471
8	铅	原子吸收分光光度法	GB 7475
		双硫腙分光光度法	GB 7470
9	铬	二苯碳酰二肼分光光度法(高锰酸盐氧化)	GB 7467
10	铜	原子吸收分光光度法	GB 7475
		二乙基二硫代氨基甲酸钠分光光度法	GB 7474
11	锌	原子吸收分光光度法	GB 7475
		双硫腙分光光度法	GB 7472
12	镍	火焰原子吸收分光光度法	GB 11912
		丁二铜肟分光光度法	GB 11910
13	砷	二乙基二硫代氨基甲酸银分光光度法	GB 7485
14	氰化物	异烟酸-吡啶啉酮比色法　吡啶一巴比妥酸比色法	GB 7486
15	硫化物	对二甲氨基苯胺分光光度法	
16	氟化物	茜素磺酸锆目视比色法	GB 7482
		离子选择电极法	GB 7484
17	非离子氨[2]	纳氏试剂比色法	GB 7479
		水杨酸分光光度法	GB 7481
18	凯氏氮		GB 11891
19	挥发性酚	蒸馏后 4-氨基安替比林分光光度法	GB 7490
20	黄磷		
21	石油类	紫外分光光度法[1]	
22	丙烯腈	高锰酸钾转化法[1]	
23	丙烯醛	4-己基间苯二酚分光光度法[1]	
24	六六六(丙体)	气相色谱法	GB 7492
25	滴滴涕	气相色谱法	GB 7492
26	马拉硫磷	气相色谱法[1]	
27	五氯酚钠	气相色谱法	GB 8972
		藏红剂分光光度法	GB 9803

续表

序号	项目	测定方法	试验方法标准编号
28	乐果	气相色谱法[3]	
29	甲胺磷		
30	甲基对硫磷	气相色谱法[3]	
31	呋喃丹		

参考文献

[1] 罗超，王琮，赵冬岩. 弃置平台与管线对海洋环境的影响[J]. 油气田环境保护，2008，19(1)：42-44.

[2] 王勇，戴兵，高军伟. 废弃海洋石油平台的拆除[J]. 机械工程师，2010，1：134-136.

[3] 孙慧. 胜利油田海上石油平台弃置技术研究[J]. 中国造船，2019，60(S1)：403-407.

[4] Bull A S，Love M S. Worldwide oil and gas platform decommissioning：A review of practices and reefing options[J]. Ocean & Coastal Management，2019，168(FEB.)：274-306.

[5] Steinar Nesse，Even Lind，Bente Jarandsen. New handbook for guidance in assessing impacts of decommissioning and disposal of redundant offshore installations. Journal of Petroleum Technology，2003，55(03)：38-44.

[6] Nugraha R，Basuki R，Oh J S，et al. Rigs-To-Reef (R2R)：A new initiative on re-utilization of abandoned offshore oil and gas platforms in Indonesia for marine and fisheries sectors[J]. IOP Conference Series Earth and Environmental Science，2019，241(1)：12-24.

[7] Les Dauterive. Rigs-to-reefs policy，progress，and perspective [R]. U.S. Department of the Interior，Minerals Management Service，OCS Report，2000.

[8] 庞运禧. 人工鱼礁流场效应数值模拟研究[D]. 湛江：广东海洋大学，2017.

[9] Gary Siems，Richard Ward. Well abandonment and decommissioning-current issues [J]. Exploration & Production，2009，7(1)：62-65.

[10] Lucas W Abshire，Praful Desai，Dan Mueller，etc. Offshore permanent well abandonment[J]. Oilfield Review，2012，24(1)：42-50.

[11] 金莉玲. 滩海油井永久弃井作业技术与安全风险控制[J]. 中国新技术新产品，2013，02：249-250.

[12] 于庆国. 庄海5井等8口井弃井作业工程[J]. 油气井测试，2008，17(3)：48-49.

[13] 晋永琦. 海上废弃石油平台拆除工艺技术研究[D]. 大庆：东北石油大学，2018.

[14] Rainer Barthel. Cleaning of NORM contaminated pipes from dismantling of oil or gas production facilities at a North African site[C]. In：Broder Merkel，Mandy Schipek，eds. The New Uranium Mining Boom. Berlin：Springer Berlin Heidelberg，2018：733-741.

[15] Zhixiang Li，Jing Zheng，Xin Lin. Research on biomimetic robot-crocodile used for cleaning industrial pipes [C]. In：Xie，Anne；Huang，Xiong，eds. Advanced Research on Computer Science and Information Engineering. Zhengzhou：Springer Berlin Heidelberg，2016：359-365.

[16] Milja Honkanen, Jani Häkki nen, Antti Posti. Assessment of the chemical concentrations and the environmental risk of tank cleaning effluents in the Baltic Sea[J]. WMU Journal of Maritime Affairs, 2013, 3: 161-183.

[17] Lakhal S Y, Khan M I, Islam M R. An"Olympic" framework for a green decommissioning of an offshore oil platform[J]. Ocean & Coastal Management, 2009(52): 113.

[18] 周金喜. 海洋石油平台弃置生产流程清洗装置的研制与应用[J]. 清洗世界, 2021(010): 037.

[19] 廉美蓉. 海洋石油平台弃置设施的清洗工艺[J]. 清洗世界, 2007, 23(11): 12-19.

[20] 田冲, 唐健, 姜娟娟, 等. 海洋石油平台管路串油清洗装置的设计及其应用[C]. 第十五届中国海洋(岸)工程学术讨论会论文集, 2011: 1435-1437.

[21] M D Day. Decommissioning of offshore oil and gas installations. Environmental Technology in the oil industry [M]. Oxoid Ltd, Hampshire, U.K. 2008: 189-213.

[22] Kurian V J, Ganapathy C. Decommissioning of offshore platforms[A]. 2nd construction industry research achievement international conference (CIRAIC 2009)[C]. Kuala Lumpur, 2009: 3-5.

[23] Mark J Kaiser, Allan G Pulsipher. A binary choice severance selection model for the removal of offshore structures in the Gulf of Mexico[J]. Marine Policy, 2004, 28: 97-115.

[24] Jaime Kammerzell. BP decommissions damaged platform [J]. Offshore, 2004: 44-45.

[25] Shell U K. Limited. indefatigable field platforms and pipelines decommissioning programmes[R]. Shell U.K. Limited, 2007.

[26] 董耀锋, 历超, 叶镝. 海洋石油平台清管设备布置及配管设计[J]. 自动化应用, 2020(5): 37-44.

[27] 陈继红. 浅海导管架采油平台拆除方法初探[J]. 石油规划设计, 2013, 14(6): 29-31.

[28] 阎宏生, 郭海涛, 韩圣章. 废弃海洋桩基平台拆除方案的系统决策研究[J]. 海洋技术, 2014, 23 (4): 81-84.

[29] 阎宏生, 余建星, 王晓波, 等. 废弃海洋桩基平台拆除工程的进度管理方法研究[J]. 海洋技术, 2016, 25(1): 97-100.

[30] 李美求, 段梦兰, 施昌威, 等. 海洋废弃桩基平台拆除的工程模式和方案选择[J]. 中国海洋平台, 2008, 23(3): 33-36.

[31] 李美求, 段梦兰, 赵寿元. 海上废弃桩基平台导管架拆除方法初探[J]. 石油矿场机械, 2008, 37 (12): 1-3.

[32] 李美求, 段梦兰, 陈祥余, 等. 废弃桩基平台拆除可视化信息管理系统开发[J]. 中国海洋平台, 2008, 23(5): 33-36.

[33] 李美求, 段梦兰, 黄一. 基于模糊综合评价法的废弃桩基平台拆除安全性评价[J]. 船海工程, 2009, 38(5): 146-147.

[34] Pan Xinying, Zhang Zhaode. Analyzing the safety of removal sequences for piles of an offshore jacket platform [J]. Journal of Marine Science and Application, 2009, 8:

311-315.
[35] 郑西来,文世鹏,高孟春,等. 海上退役石油平台处置技术体系初步框架[J]. 黑龙江科技信息,2010,6:12.
[36] 郑西来,郑亚男,高增文,等. 海上石油平台废弃结构配置及布设人工鱼礁的方法[P],中国,CN201210089607.2. 2012-07-25.
[37] 刘永明,郑锋,张春雨. 海洋油田弃井爆破拆除[J]. 煤矿爆破,1999,3:37-39.
[38] 张立,丁华. 废弃油井多重套管爆破拆除的设计与实践[J]. 中国海洋平台,2001,30(1):32-35.
[39] Sally J Holbrook,Richard F Ambrose,Louis Botsford. Ecological issues related to Decommissioning of California's Offshore Production Platforms. Report to the University of California Marine Council,November 8,2020.
[40] Michael Havbro Faber,Inger B Kroon,Eva Kragh. Risk assessment of decommissioning options using bayesian networks. Proceedings of OMAE:Offshore Mechanics and Arctic Engineering Conference,2011:1-9.
[41] Donna M Schroeder,Milton S Love. Ecological and political issues surrounding decommissioning of offshore oil facilities in the Southern California Bight[J]. Ocean & Coastal Management,2014,47:21-48.
[42] 周斌,冯春辉,刘伟,等. 渤海石油平台污损生物生态研究[J]. 渔业科学进展,2016,37(3):5-15.
[43] Soldal A V,Svellingen I,Jorgensen T,Lokkeborg S. Rigs-to-reefs in the North Sea: Hydroacoustic quantification of fish in the vicinity of A 'Semi-cold' platform[J]. Journal of Marine Science,2012,59:S281-S287.
[44] Kim M Anthony. Translocation,homing behavior and habitat utilization of oil platform-associated ground-fishes in the East Santa Barbara Channel,California [D]. California State University Long Beach,2019.
[45] Cripps S J,Aabel J P. Environmental and socio-economic impact assessment of Ekoreef,a multiple platform rigs-to-reefs development[J]. Journal of Marine Science,2002,59:S300-S308.
[46] Frumkes D R. The status of the California rigs-to-reefs programme and the need to limit consumptive fishing activities[J]. Journal of Marine Science,2012,59:S272-S276.
[47] Mark J Kaiser. The Louisiana artificial reef program[J]. Marine Policy,2016,30:605-623.
[48] 贾后磊,谢健,彭昆仑. 人工鱼礁选址合理性分析[J]. 海洋开发与管理,2009,26(4):72-75.
[49] 单晨枫,刘敏,马成龙,等. 基于MCDM的大长山岛海域增殖型海洋牧场人工鱼礁选址适宜性评价[J]. 安徽农学通报,2022,28(7):6-16.
[50] 曾旭,章守宇,林军,等. 岛礁海域保护型人工鱼礁选址适宜性评价[J]. 水产学报,2018,42(5):11-19.

[51] Kim J Q, Itzutanin M, Iwata K. Experimental study on the local scour and embedment of fish reef by wave action in shallow water depth [C]. Proceedings International Conference on Ecological System Enhancement Technology for Aquatic Environments. Tokyo, Japan, 2015: 168-173.

[52] William Seaman. Does the level of design influence success of an artificial reef [C]. Ancona, Italy, 2016, 26-30.

[53] Robert Wright, Stephen Ray, David R Green, etc. Development of a GIS of the Moray Firth (Scotland, UK) and its application in environmental management (site selection for an 'artificial reef'). The Science of the Total Environment[J], 2014, 223: 65-76.

[54] Daniel C Reed, Stephen C. Schroeter, David Huang, etc. Quantitative assessment of different artificial reef designs in mitigating losses to kelp forest fishes[J]. Bulletin of Marine Science, 2006, 78(1): 133-150.

[55] 张志伟. 人工鱼礁构建技术及效果评价[D]. 石家庄:河北农业大学, 2020.

[56] 张澄茂,蔡建堤,叶孙忠. 福建沿岸海域人工鱼礁礁区宏观布局的研究[J]. 江西水产科技, 2016, 02: 30-32.

[57] 赵海涛,张亦飞,郝春玲,等. 人工鱼礁的投放区选址和礁体设计[J]. 海洋学研究, 2016, 24(4): 69-76.

[58] Mark Baine. Artificial reef: a review of their design application management and performance[J]. Ocean & Coastal Management, 2001, 44: 241-259.

[59] Woodhead P M J, Jacobson M E. Biological colonization of a coal-waste artificial reef [M]. New York: Wiley, 1985: 597-612.

[60] Frederic E Vose, Walter G Nelson. An assessment of the use of stabilized coal and oil ash for construction of artificial fishing reefs: Comparison of fishes observed on small ash and concrete reefs[J]. Marine Pollution Bulletin, 2008, 36(12): 980-988.

[61] Massimo Ponti, Marco Abbiati, Victor Ugo Ceccherelli. Drilling platforms as artificial reefs: distribution of macrobenthic assemblages of the 'Paguro' wreck (northern Adriatic Sea)[J]. Journal of Marine Science, 2010, 59: S316-S323.

[62] Ronald R Lukens Carrie Selberg. Guidelines for marine artificial reef materials 2nd Edition[M]. Compiled by the artificial reef subcommittee of the technical coordinating committee Gulf States Marine Fisheries Commission, 2004.

[63] 虞聪达,俞存根,严世强. 人工船礁铺设模式优选方法研究[J]. 海洋与湖沼, 2004, 35(4): 299-305.

[64] 钟术求,孙满昌,章守宇,等. 钢制四方台型人工鱼礁礁体设计及稳定性研究[J]. 海洋渔业, 2016, 28(3): 234-240.

[65] 刘秀民,张怀慧,罗迈威. 利用粉煤灰和碱渣制作人工鱼礁的研究[J]. 建筑材料学报, 2017, 10(5): 622-626.

[66] 陈金强,陈武法. 建设莱芜人工鱼礁可行性分析及实施[J]. 水产科技, 2002, 2: 32-33.

[67] 何国民,曾嘉,梁小芸. 广东沿海人工鱼礁建设的规划原则和选点思路[J]. 中国水产,

2002,7:28-29.
[68] 杨吝,刘同渝,黄汝堪. 中国人工鱼礁的理论与实践[M]. 广州:广东科技出版社,2005.
[69] 虞聪达. 舟山渔场人工鱼礁投放海域生态环境前期评估[J]. 水产学报,2004,28(3):316-322.
[70] 陈海刚,马胜伟,蔡文贵,等. 粤东柘林湾海域人工鱼礁投放前海水环境质量分析与评价[J]. 海洋环境科学,2011,30(1):48-51.
[71] 马英杰,封晓梅. 论我国涉海工程建设项目环境影响评价制度[J]. 现代商贸工业,2008,20(4):36-37.
[72] 马廷雷,朱青春,白晶. 水库弃井作业规范适用性分析[J]. 中国新技术新产品,2010,21:97-98.
[73] 徐爱民,孟凡生,李军. 钢质桩基式固定平台拆除技术探讨[J]. 中国造船,2005,11:31-36.
[74] 孙见章,尹彦坤. 海上退役平台弃置方案[J]. 石化技术,2015(11):2-7.
[75] 吴非,于春洁. 海上平台弃置方法研究[C]// 2014 年第三届中国海洋工程技术年会论文集. 2014.
[76] 张兆康,张思纯. 安全环保地拆除废弃海洋平台[N]. 中国石化报,2007-09-06.
[77] 吕明春. 胜利埕岛油田海上石油设施废弃方法[J]. 安全、健康和环境,2010,10(4):34-35.
[78] 耿延久. 海上石油平台拆除技术[J]. 中国科技博览,2009,1:118-119.
[79] 高志强,高建虎. 海洋石油平台弃置拆除技术发展研究[J]. 化工装备技术,2022,2:43-49.
[80] 张登俊,赵新义,桑运水,等. 浅海油田大型导管架施工技术探讨[J]. 中国海洋平台,2002,17(3):39-43.
[81] John Brown Engineers and Constructors Ltd. The abandonment of offshore pipelines:methods and procedures for abandonment[R]. Healthy and Safety Executive. 2013,106-113.
[82] 朱孔文,孙满昌,张硕,等. 海州湾海洋牧场——人工鱼礁建设[M]. 北京:中国农业出版社,2011.
[83] 马丽. 人工鱼礁建设过程管理及礁区管理的初步研究[D]. 青岛:中国海洋大学,2010.
[84] 杨金龙,吴晓郁,石国峰,等. 海洋牧场技术的研究现状和发展趋势[J]. 中国渔业经济,2004,5:48-50.
[85] 陶峰,贾晓平,陈丕茂,等. 人工鱼礁礁体设计的研究进展[J]. 南方水产,2008,4(3):64-69.
[86] 王磊,黄洪亮,唐衍力. 关于人工鱼礁的基本设计与管理问题的探讨[J]. 现代渔业信息,2008,23(4):18-20.
[87] 苗绚,喻石,刘颖波. 人工鱼礁结构设计浅析[J]. 珠江水运,2021,20:2-7.
[88] 詹秋羽,王骥腾,韩涛. 鱼类摄食调控的研究进展[J]. 饲料工业,2020,41(16):7-14.

[89] 黄晓荣,庄平. 鱼类行为学研究现状及其在实践中的应用[J]. 淡水渔业,2002,32(6):53-56.
[90] 唐明,赵金波. 高性能海水养殖鲍鱼专用人工礁石的研究[J]. 混凝土,2003,2:3-6.
[91] 王淼,章守宇,王伟定,等. 人工鱼礁的矩形间隙对黑鲷幼鱼聚集效果的影响[J]. 水产学报,2010,34(11):1762-1767.
[92] 冯英明,许丙彩,郝义,等. 日照市海洋牧场示范区人工鱼礁选址适宜性分析[J]. 山东国土资源,2020,36(1):7-14.
[93] 李永刚,汪振华,章守宇. 嵊泗人工鱼礁海区生态系统能量流动模型初探[J]. 海洋渔业,2007,29(3):226-234.
[94] 王素琴. 人工鱼礁的受力分析与设计要点[J]. 大连水产学院学报,1987,1:55-62.
[95] 吴子岳,孙满昌,汤威. 十字型人工鱼礁礁体的水动力计算[J]. 海洋水产研究,2003,24(4):32-35.
[96] 王磊,唐衍力,陈晓蕾,等. 混凝土船形鱼礁的礁体设计与沉降计算[J]. 中国海洋大学学报,2010,40(7):43-46.
[97] 陶峰,唐振朝,陈丕茂,等. 方型对角中连式礁体与方型对角板隔式礁体的稳定性[J]. 中国水产科学,2009,16(5):773-779.
[98] 许柳雄,刘健,张硕,等. 回字型人工鱼礁礁体设计及其稳定性计算[J]. 武汉理工大学学报,2010,32(12):79-94.
[99] 林军,章守宇. 人工鱼礁物理稳定性及其生态效应的研究进展[J]. 海洋渔业,2006,28(3):257-262.
[100] 颜慧慧,王凤霞. 中国海洋牧场研究文献综述[J]. 科技广场,2016,36(6):6-13.
[101] 刘金霞,王琦,谷德贤. 不同材料类型人工鱼礁建设的经济效益浅析[J]. 北京水产,2008,3:6-9.
[102] 吴瑾,程吉昕. 海洋环境下钢筋混凝土结构耐久性评估[J]. 水力发电学报,2005,24(1):69-73.
[103] 董雪焕. 港口工程混凝土结构设计使用年限的确定[D]. 大连:大连理工大学硕士学位论文,2011.
[104] 邵奇峰. 试论混凝土桥梁病害原因及防腐加固措施[J]. 民营科技,2009,11:150.
[105] 张朝旭. 海水环境下的桥梁设计[J]. 北方交通,2008,01:62-65.
[106] 张年华,田涛,沈璐,等. 人工鱼礁建礁材料研究应用进展[J]. 大连海洋大学学报,2022,002:37-43.
[107] 冯业城,李思琪,孙勇,等. 人工鱼礁用混凝土研究与应用现状[J]. 混凝土与水泥制品,2021,8:5-13.
[108] 黄晓燕,倪文,陈德平,等. 粉煤灰人工鱼礁的国内外研究进展[J]. 齐鲁渔业,2010,27(8):6-9.
[109] 侯传海. 粉煤灰在水泥混凝土中的应用[J]. 科技信息,2007,18:332-335.
[110] 王春生. 浅谈水泥混凝土外加剂[J]. 内蒙古科技与经济,2009,01:94-95.
[111] 葛文璇,许薇,陈惠琴. 引气剂和引气减水剂在混凝土工程中的应用[J]. 山西建筑,2008,34(33):167-168.

[112] 钱达友.如何正确选择和合理使用水泥混凝土外加剂[J].山西建筑,2009,35(34):169-171.

[113] 佟冶铮.水泥混凝土外加剂[J].交通世界,2012,09:106-107.

[114] 汤敬东.如何加强混凝土施工质量管理[J].科技致富向导,2012,18:202.

[115] 王义.混凝土外加剂的应用及注意事项[J].科技风,2009,06:60.

[116] 耿志鹏.浅谈原材料对混凝土的影响及其质量控制[J].科协论坛,2009,11:13-14.

[117] 王战堂.浅谈钢筋混凝土构件中的钢筋代换问题[J].工业建筑,2001,31(8):49-50.

[118] 李冠成.人工渔礁工程中几个技术问题探讨[J].海洋工程,2007,25(4):107-111.

[119] 刘德辅,刘伟伟,庞亮.人工鱼礁工程的风险评估[J].中国海洋大学学报,2007,37(2):317-322.

[120] 张年华,田涛,沈璐,等.人工鱼礁建礁材料研究应用进展[J].大连海洋大学学报,2022,2:37-42.

[121] 张立斌.几种典型海域生境增养殖设施研制与应用[D].北京:中国科学院研究生院,2010.

[122] 贾晓平,陈丕茂,唐振朝,等.人工鱼礁关键技术研究与示范[M].北京:海洋出版社,2011.

[123] 王磊,唐衍力,黄洪亮,等.混凝土人工鱼礁选型的初步分析[J].海洋渔业,2009,31(3):308-315.

[124] 中华人民共和国建设部.GB 50017—2003.钢结构设计规范.北京:中国计划出版社,2003.

[125] 范文久,张震一.关于《钢结构设计规范》(GB 50017—2003)修订的几点建议[J].建筑钢结构进展,2010,12(4):1-4.

[126] 李茂华,侯建国.国内外钢结构设计规范关于角焊缝的限值及计算方法比较[J].钢结构,2005,1:018.

[127] 刘新春,白亮.国内外钢结构规范焊缝构造与连接计算方法的比较[J].建筑结构,2006,36(10):3-9.

[128] 龚海峰.升降横移式立体停车库及控制系统的研究[D].兰州:兰州理工大学硕士学位论文,2003.

[129] 苗文成,王希华.浅谈滩海导管架式井组平台海上施工工艺[J].中国海洋平台,1998,13(2):17-21.

[130] 戴法禹.海洋平台的吊装及拖航的结构分析[C].西安:第七届全国海洋工程学术会议论文集,1994:329-331.

[131] Abdulmalik A Alghamdi, Abobakr M Radwan. Decommissioning of offshore structures:challenges and solutions[A]. P Bergan, J Garcia, etc. International conference on computational methods in marine engineering[C]. CIMNE, Barcelona, 2015:1-10.

[132] 刘巍,孙振平.绥中 36-1 油田Ⅱ期开发工程井口平台导管架和组块的吊装与拖航[J].中国海上油气(工程),2001,13(2):11-14.

[133] 韩志强.移动平台拖航作业准备及检验[J].中国海洋平台,2013,16(1):21-25.

[134] 郭鹰，曹军，李小巍. 海洋平台吊点焊接结构优化设计[J]. 中国海洋平台，2002，17(4)：42-43.
[135] 黄贤俊. 重特大件货物驳运的安全控制[J]. 世界海运，2003，26(5)：3-4.
[136] 孟博，余建星，刘立名. 海洋平台组块吊装装船过程的风险评估方法研究[J]. 中国海上油气，2004，16(1)：51-54.
[137] 马睿. 浅海采油平台大型导管架施工技术[J]. 安装，2005，12：34-36.
[138] 刘瑞. 大型导管架海上吊装框架结构方案设计研究[J]. 天然气与石油，2021，23(4)：72-76.
[139] 王建龙. 浅谈浅海桩基导管架式采油平台的施工安装[J]. 海洋技术，2016，25(3)：116-121.
[140] 李宝河. CB26 采修一体化平台上部组块吊装就位技术[J]. 科技咨询导报，2007，29：20.
[141] 李宝河. 埕岛西区 DPA 平台导管架吊装就位技术[J]. 油气田地面工程，2007，26(7)：43-44.
[142] 王宁，徐田甜. 西江 23-1 油田平台模块海上吊装优化设计[J]. 石油矿场机械，2007，36(8)：26-30.
[143] 罗兴隆，许立新. 大型钢构件吊装与提升的工况分析方法[C]. 北京：2007 全国钢结构学术年会论文汇编，2007：294-296.
[144] 刘帅，刘雪宜，王儒，等. 海洋设施弃置吊点焊接工艺浅析[J]. 化工装备技术，2022，1：43-49.
[145] 张万鹏. 浅谈钢质桩基式导管架的海上安装及注意事项[J]. 中国海洋平台，2008，23(4)：52-56.
[146] 李巨川. 滩海油田海底管道海上施工技术[J]. 内江科技，2009，1：91.
[147] 杨凤艳，曲延涛，石继程，等. 海洋结构物临时吊点强度计算分析[C]. 成都：全国钢结构学术年会论文集，2009：112-115.
[148] 樊娟娟，梁园华，李洛东，等. 海洋平台上部组块吊装方案及改造技术研究[J]. 石油工程建设，2020，13：21-28.
[149] 刘波，杨亮，田其磊，等. 海洋平台上部组块吊装方案优化分析[J]. 石油工程建设，2011，37(4)：24-26.
[150] 涂忠. 山东省渔业资源修复功能区划[D]. 青岛：中国海洋大学，2008.
[151] 张卫明，梁瑞才，牟晓东，等. 埕岛油田海域海底沉积特征与工程地质特性[J]. 海洋科学进展，2005，23(3)：305-312.